로켓 개발
그 성공의 조건

로켓 개발 그 성공의 조건

기술과 조직의 미래상

고다이 도미후미(五代富文)
나카노 후지오 저(中野不二男)

로켓 개발
그 성공의 조건

초판1쇄 2010년 10월 25일

지은이 고다이 도미후미, 나카노 후지오
옮긴이 김경민
디자인 조희정
교 정 이상필
발 행 (주)엔북

(주) 엔북

우) 121-829 서울 마포구 상수동 341-9 보림빌딩 B동 4층
http://www.nbook.seoul.kr
전 화 02-334-6721~2
팩 스 02-6910-0410
메 일 goodbook@nbook.seoul.kr

신고 제 300-2003-161
ISBN 978-89-89683-53-7 03550

값 14,000원

CONTENTS

선진국이 되기 위한 길목에는 반드시 넘어야 할 거대과학의 두 가지 관문이 있다. 그 하나는 원자력이고 또 하나는 우주항공이다. 대한민국의 원자력은 UAE에 4기의 원자로를 수출할 정도로 크게 성장했지만 우주항공은 아직 갈 길이 멀다.

엄청난 국가 자금이 투여되어야 하는 거대과학의 분야를 이끌고 가는 일은 쉽지 않으며, 선견지명도 필요하다. 오늘날 원자력 대국과 우주강국이 된 일본의 경우 나카소네 야스히로라는 탁월한 지도자가 있었기에 일찌감치 선진국으로 자리매김하여 세계적 인정을 받고 있다. 나카소네 씨는 1950년대에 이미 미래를 예견하고 원자력과 우주에 국가 예산 투자를 마련해 주었다. 예산 뿐 아니라 우주분야도 미·일 우주협력 분야를 개척해 미국으로부터의 기술 도입에 대한 물꼬를 트기도 했다.

일본은 이토가와 박사라는 천재가 있어 펜슬로켓이라는 조그만 고체연료 로켓으로 우주개발의 불씨를 지폈지만 미국의 델타 로켓을 복사한 N-I 로켓을 성공적으로 발사하기까지 4번 연속 실패를 경험했던 쓰라린 기억을 갖고 있는 나라다. 그런 거듭된 실패에도 불구하고 인내심을 갖고 우주 분야에 투자해 왔기에 일본은 이제 한국의 인공위성을 자국의 다네가시마 우주발사장에서 발사해 줄 수 있는 정도까지 성장했다. 이제 일본은 H-IIB 로켓으로 국제우주정거장에 HTV라는 화물수송기를 통해 필요한 물자를 수송할 수 있을 만큼 세계 최고 수준의 우주 실력을 자랑한다.

2010년 현재 미국은 스페이스셔틀 운용을 중지했다. 그래서 우주정거장을 운영, 유지하기 위한 인력과 물자 수송은 러시아의 소유즈 로켓에 의존해야만 하는 상황인데 유인우주선이 아닌 무인 수송기로 물자를 국제우주정거장에 보낼 수 있는 유일한 대안은 현재 일본뿐이라서 세계는 일본의 우주 협력이 절실한 상태다.

그 밖에도 일본 기술자 스스로가 말하기를 '도킹 실력도 세계 최고 수준이다'라고 평가한 바 있는데, 이는 미사일 요격 기술도 완벽에 가깝다는 것을 의미한다. 1998년 북한의 대포동 미사일이 일본열도를 넘어 태평양에 떨어지자 미국과 함께 미사일 공동 방어체제를 구축하고 기술 개발에 매진했는데 이 도킹 실력으로 미사일 요격 실력의 우수성이 간접적으로 확인된 것이다.

일본은 이제 머지않아 유인우주선을 우주정거장에 보내는 일을 실현시킬 것이다. 중국이 유인우주선 발사에 성공하자 일본에는 우주개발이 중국에 뒤진 것은 아닌가 하는 실망의 분위기가 돌기도 했지만, 사실 로켓의 성능이라든가 위성기술 등은 일본이 중국보다 훨씬 뛰어나기 때문에 유인우주선 실현은 마음먹기에 달렸다고 해도 좋을 단계이다. 또한 그 계획은 현재 진행형이기도 하다.

한국은 고흥반도에 나로 우주센터를 건립하고 우주개발의 길을 열고 있다. 한국형 우주발사체(KSLV-1)를 러시아와 협력하며 발사를 시도했지만 안타깝게도 두 차례나 성공을 거두지 못 하였다. 그 만큼 우주개발에는 지름길이 없다는 진리를 실감하게 된다. 그렇지만 일본은 4회나 연속 실패한 끝에 우주강국이 되었으며, 심지어 중국은 로켓 발사를 하다 인근 마을을 덮쳐 수 많은 인명이 희생된 상황을 돌파하고 세계의 우주강국이 되었다. 우리나라도 비록 두 번의 발사가 성공하지는 못 했지만, 그 이면에는 러시아와 협력 중인 한국형 우주발사체 1번 프로젝트에서 대외적으로는 밝힐 수 없는 다양한 경험을 축적할 수 있었으며, 무엇보다도 괄목할 만한 세계 일류급의 우주발사장을 마련했다는 성과를 올렸다.

120킬로그램급 과학위성과 제2단 고체 킥모터는 한국의 작품이지만 제1단 로켓은 러시아가 만든 액체연료 로켓엔진이다. 한국은 아직 제1단 로켓엔진을 만들 능력은 없다. 때문에 국력을 집중시켜 개발에 나서야 하는데, 여타의 우주 선진국들이 협력을 꺼리기 때문에 자주개발이라는 힘든 길을 선택할 수밖에 없다. 우주능력은 양면성을 띠고 있어 대륙간 탄도탄 등 군사적 이용이 가능하게 때문에 기술협력을 기피하는 것이다.

그런데 일본은 어떻게 미국의 협력을 얻을 수 있었을까? 일본은 어차피 그냥 놔두어도 우주개발이 가능할 정도로 기술기반이 확립되어 있었다는 것이 첫째 이유이다. 여기에 국제상황도 일본에 유리했다. 1964년 중국이 핵실험에 성공하고 우주개발도 박차를 가하게 되자 일본도 우주개발에 나설 계획을 세운다. 그러자 미국은 일본의 자력개발을 바라보기만 할 것이 아니라 차라리 기술을 협력해 주고 통제해 나가는 편이 낫겠다는 정책을 세워 로켓기술을 본격적으로 전수해준 것이다. 물론 공짜는 아니었다. N-II 로켓의 경우 자체 개발비 보다 약 3배 가까운 돈을 지불했다고 일본 로켓 개발의 산 증인이자 이 책의 저자인 고다이 씨는 회고한다. 일본이 F-15 전투기를 미국으로부터 라이센스 생산할 때도 전투기 값에 2.5배나 달하는 라이선스 비용을 지불하며 배웠기에 전투기 제조기술을 완성했다.

  우주개발에는 막대한 자금이 든다. 이 철칙을 가볍게 여겨서는 안된다. 돈을 주고라도 부족한 기술을 제공받는 것은 당연한 일이다. 한국은 2020년 경 한국형 우주발사체 2를 자주개발하기로 확정했다. 엔진 시험 시설을 건설해야 하고 75톤의 추력을 갖는 액체연료 로켓엔진을 개발한 뒤 이 엔진을 4개로 묶어 300톤의 추력을 내게 만들면 약 1.5톤의 인공위성을 우주궤도에 올려놓을 수 있게 될 것이다. 그 단계까지 간다면 우리나라도 진정한 우주개발 자립국으로 자리잡을 수 있다. 우주개발의 자주국가가 되는 길은 멀다. 성공과 좌절이 반복될 것이고, 그 때 마다 인내심을 갖고 국민과 함께 호흡해야만 한국형 우주개발은 성공을 거둘 수 있을 것이다.

  이 책을 출판하기까지 도움을 주신 분들이 많다. 저자인 고다이 도미후미 씨와 나카노 후지오 씨에게 감사드리며 한국항공우주연구원의 이주진 원장과 이상현 박사, 엔북의 윤덕주 사장에게 고맙다는 말을 전하고 싶다.

【 로켓 개발연표 】

참고문헌 《일본로켓 이야기》(大澤弘之 감수/三田出会 '96)

1942년 10월 3일	독일 A-4 로켓(V-2) 4호기 첫 발사 성공
1953년	도쿄대 생산기술연구소, 이시카와(石川)교수 등이 로켓연구 시작
1954년 10월13일	펜슬로켓 지상실험(후지정밀 오기쿠보(荻窪)공장에서)
7월11일	총리부 항공기술연구소 발족
1955년 8월 6일	도쿄대 아키타 로켓실험장에서 펜슬로켓 비상(飛翔)실험
1956년 5월19일	과학기술청 발족. 항웅기술연구소, 과학기술청의 부속기관이 됨
9월24일	아키타에서 K-1 비상(飛翔)실험, 도착고도 10킬로미터
1957년 10월 4일	소련, 인류최초의 인공위성 스푸트니크 발사
1958년 2월 1일	미국, 주피터 C형 로켓으로 첫 인공위성 익스플로러 1호 발사
10월 1일	미국, 항공우주국(NASA)발족
1961년 4월12일	소련, 최초의 유인우주선 보스토크 1호 발사
5월 5일	미국, 최초의 유인우주선 머큐리 발사
1963년 4월 1일	항공기술연구소를 항공우주기술연구소(NAL)로 개칭, 로켓부를 설치
12월 9일	도쿄대, 가고시마의 우치노우라에 우주공간관측소 개설
1964년 7월 1일	과학기술청, 우주개발추진본부를 설치
1966년 5월24일	과학기술청, 다네가시마 우주센터 설치 결정
1968년 8월16일	우주개발위원회 발족
9월17일	우주개발 추진본부, 다네가시마에서 첫 발사
1969년 7월16일	미국, 아폴로 11호 발사, 인류 최초의 달 표면 착륙 성공
10월 1일	우주개발사업단(NASDA)발족
1970년 2월11일	도쿄대, 일본 최초의 인공위성 오스미 발사
4월24일	중국, 인공위성 첫 발사
9월25일	도쿄대, M-4S 로켓 1호기 발사
1973년 5월15일	미국, 스카이랩 1호 발사
1974년 9월 2일	NASDA, 시험용 로켓 (ETV-1) 1호기 발사
1975년 9월 9일	NASDA, N-I 로켓 1호기로 기술시험위성 1호 기쿠 발사
1979년 12월25일	유럽우주기구(ESA), 아리안 로켓 발사에 성공
2월 6일	N-I 로켓 5호기, 실험용 정지통신위성 아야메 궤도투입 실패
1980년 2월17일	도쿄대, M-3SI 로켓으로 실험위성 단세이 4호 발사
2월22일	NASDA, N-I 로켓 6호기, 실험용 정지통신위성 아야메 2호 궤도투입 실패
1981년 2월11일	NASDA, N-II 로켓 1호기로 기술시험위성 IV형 기쿠 3호 발사
4월12일	미국, 스페이스셔틀 첫 비행 성공

	4월14일	문부성 우주과학연구소(ISAS)발족
1985년	1월 8일	ISAS, M-3SII 로켓 1호기로 핼리혜성탐사기 사키가케 발사
	3월	NASDA 아키타 현 다시로 시험장에서 LE-7 연소시험 개시
1986년	1월29일	스페이스셔틀 챌린저 폭발
	8월13일	NASDA, H-I 로켓 1호기 발사
1989년	9월 6일	NASDA, H-I 로켓 5호기 발사
1990년	1월24일	ISAS, 달표면 탐사기 히텐, 하로고모 발사
	12월 2일	아키야마 도요히로, 소련 소유즈 로켓으로 일본인 최초의 우주비행
1991년	8월 8일	미쓰비시 나고야 공장에서 LE-7 시험 중 가스폭발에 의한 사망사고
	9월16일	NASDA, TR-1A-1발사 (미소微小 중력실험)
1992년	9월12일	모리씨 제1차 국제 미소중력 우주실험(스페이스셔틀 엔데버호)
1994년	2월 4일	NASDA, H-II 로켓 1호기 발사성공(궤도돌입 실험기 OREX 투입)
	8월28일	NASDA, H-II 로켓 2호기 발사(기술시험위성 기쿠6호 궤도변경)
1995년	3월18일	NASDA, H-II 로켓 3호기 발사
		(우주실험 관측기 프리 플라이어, 기상위성 히마와리 5호)
1996년	1월24일	우주개발위원회, 달 탐사를 포함한 우주개발 정책 대강을 발표
	2월12일	NASDA, J-1 로켓 1호기로 HYFLEX(극초음속 비행실험기)를 발사
	6월 4일	유럽 우주기관, 상업위성 발사용 로켓, 아리안Ⅴ형 첫발사에 실패
	8월17일	NASDA, H-II 로켓 4호기 발사
		(지구관측 플랫폼 기술위성 ADEOS 미도리, 아마추어위성 후지3호)
	11월 8일	NASA,델타Ⅱ 로켓으로 화성탐사기 마즈 글로벌 서베이어 발사
1997년	1월18일	델타Ⅱ 로켓 발사 실패
	2월12일	ISAS, 신형 로켓 M-V 1호기 발사 성공(전파망원경위성 하루카)
	4월 4일	NASDA, 신형로켓 H-IIA의 주엔진 LE-7A의 연소실험 성공
	10월30일	유럽우주기관, 상업위성 발사용 아리안Ⅴ형 발사성공
	11월28일	NASDA, H-II 로켓 6호기 발사(기술시험위성 ETS-Ⅶ 기쿠 7호=오리히메·히코보시)
1998년	2월21일	NASDA, H-II 로켓 5호기, 2단엔진 연소정지로 위성의 투입궤도 변경
		(통신방송 기술위성 가케하시)
	7월 4일	ISAS, M-V 로켓 3호기, 일본 최초의 화성탐사기 노조미 발사에 성공
1999년	11월 15일	NASDA, H-II 로켓 8호기, LE-7 엔진정지로 발사실패(운용 다목적위성 MTSAT)
2000년	1월 23일	해양과학기술센터, H-II 로켓 8호기의 LE-7 엔진 해저 인양 회수 성공
	2월 10일	ISAS, M-V로켓 4호기, 연소압 저하로 엑스선 천문위성
		아스트로E 궤도투입 실패

【 세계의 주요 로켓 일람 】

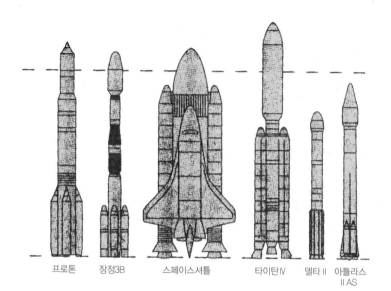

	프로톤	장정 3B	스페이스 셔틀	타이탄 IV	델타 II	아틀라스 IIAS
로켓명	프로톤	장정 3B	스페이스 셔틀	타이탄 IV	델타 II	아틀라스 IIAS
나라	러시아	중국	미국	미국	미국	미국
운용개시년	1967	1996	1981	1989	1990	1993
저궤도 운반능력 (톤)	20	13.6	29.5	21.9	5	8.6
정지궤도 운반능력 (톤)	2.4	2.2	4.5	2.8	0.9	1.9
주엔진 연료	히드라진, 산화질소	히드라진, 산화질소	액체산소, 액체수소	에어로진50, 산화질소	케로신, 액체산소	케로신, 액체산소

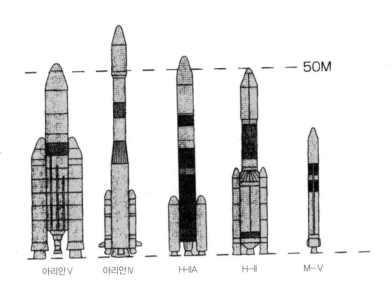

— 50M

아리안V 　 아리안IV 　 H-IIA 　 H-II 　 M-V

아리안V	아리안IV	H-IIA	H-II	M-V	로켓명
유럽 (ESA)	유럽 (ESA)	일본 (NASDA)	일본 (NASDA)	일본 (ISAS)	나라
1996	1989	2001(예정)	1994	1996	운용개시년
22.6	9.6	9	9	1.8	저궤도 운반능력 (톤)
3.4	2.3	2	2	–	정지궤도 운반능력 (톤)
액체산소, 액체수소	히드라진, 액화질소	액체산소, 액체수소	액체산소, 액체수소	고체	주엔진 연료

참고문헌 《일본로켓 이야기》(大澤弘之 감수/三田出会 '96)
　　　　《특집 세계의 로켓 최전선》(誠文堂新光社 '99) 중 的川泰宣 저작 부분

우리는 보통 '실패'라는 말에 대단히 정서적인 의미를 담아서 사용한다. '실패는 성공의 어머니'라는 표현 등이 그 대표적인 사례다. 하지만 사회적인 현상을 보면 이 표현이 딱 들어맞는 것은 아니다. 실패한 사업, 실패한 계획, 실패한 작전은 거기서 끝이다. 기업의 경우만 봐도 CEO나 간부가 사직을 하고 새로운 체제가 만들어져 새로운 출발을 하게 되는 것이 일반적이다. '백지화' 또는 '심기일전'한다고 한다.

'백지화'는 부분적으로는 맞다. 사업이나 계획 등의 전체 방향이 틀렸을 경우에는, 모든 것을 리셋하여 새출발을 해야 하기 때문이다. 하지만 정서를 배제하고 '실패'라는 의미만을 생각했을 때, 이 백지화가 항상 옳은 것만은 아니다.

실패한 사업, 실패한 계획, 실패한 작전은 모두 목적을 달성하지 못했기 때문에 결과적으로는 실패다. 하지만 결과가 실패라고 해서 거기에 이르기까지의 내용마저 모두 100퍼센트 실패임을 의미하지는 않는다. 90퍼센트가 계획대로 진행되다가도, 10퍼센트의 판단 착오나 예측 못한 사태로 인해 목적을 달성하지 못하는 경우도 있다. 이와는 반대로, 계획대로 진행된 부분이 고작 10퍼센트에 불과한 경우도 있을 수 있다.

이렇게 계획대로 진행된 부분은, 가령 그것이 10퍼센트에 불과하다 해도 이는 다음 사업으로 이행하는데 있어서 확실한 바탕이 된다. 이 와 동시에 실패를 초래한 부분은 '배제해야 할 요인'을 파악하는 데 있 어서 중요한 힌트를 제공해 준다. 분석과 원인규명에 보다 많은 식견 이 축적되어 다음 목적 달성으로 연결되는 것이다. '실패는 성공의 어 머니'라는 격언의 '실패'란 이러한 분석과 원인규명을 가리키는 것이 다. 그저 실패를 되풀이 한다고 해서 언젠가는 성공할 수 있다는 말은 아니다. 무엇이 옳았는지, 무엇이 잘못됐는지 검증도 반성도 하지 않 고, 그저 '백지화' 하고서 재출발하는 것은 정서적인 도피에 불과하기 때문이다.

일본해군 참모였으며 종전 후에는 항공막료를 지낸 겐다 미노루(源 田実) 씨는 이런 말을 한 적이 있다.

"구 일본군은 이기는 전쟁에는 아주 강하지만, 한번 패배하기 시작 하면 대단히 약해진다."

작전의 실패를 인정하지 않고, '퇴각'하는 것을 '전진(轉進, 군대가 다른 목적지로 이동함, 퇴각, 후퇴의 완곡한 표현-역자주)'이라고 말 을 바꿔왔던 2차대전 당시의 일본 군부는 실패의 분석과 원인규명을 통해 성공을 이끌어내는 자세가 부족했다. 그로 인해 쓸데없는 '전진' 을 되풀이하고 패배를 되풀이해 왔던 것이다. 이러한 모습은 현대사 회에도 적용되고 있는 것으로 보인다. 잘못된 정책을 인정하지 않는 정치인이나 관청, '퇴각'하지 않는 공공사업, 그리고 연이어 터져나오는 불량채권 문제는 기업이 '실패'를 숨겨온 결과였다.

한편 우리들 속에 있는 '실패의 개념'도 아주 애매하다. 사전에는 실패라는 말에 대해서 다음과 같이 설명하고 있다.

"'과실', '실수' 등은 부주의에 의해 잘못된 결과로 나타난 것이지만 '실패', '과오'는 능력 부족 등 보다 확실한 이유에 기초한 경우를 가리키는 경우가 많다." (가도카와 유사어신사전)

일상생활에서는 분명히 이 같은 설명이 맞다. 하지만 이런 단어만으로는 표현할 수 없는 경우도 적지 않다. 예를 들면 H-II 로켓 8호기와 같은 경우다. 예산이나 국내외의 정치적 제약 등, 제한된 조건하에 개발되었고 게다가 성공률이라는 세계의 모든 로켓이 짊어지고 있는 숙명 하에 일어났던 기능장애는 '실패'도 아니고 '과오'라 할 수도 없다. 물론 '과실'이나 '실수'도 아니었다. 굳이 적당한 말을 찾는다면, 목적 대로 달성하지는 못 했다=성공할 수 없었다는 의미에서 '불성공'이라고 할까? 또는 '비달성', '비완수'라는 말도 생각해 볼 수 있다.

이 책은 H-II 로켓 개발의 주역이었던 우주개발사업단의 전 부이사장 고다이 도미후미 씨와 우주개발을 외야석에서 지켜본 저자가 우주기술을 세로축으로, 이를 둘러싼 상황을 가로축으로 하여 대담을 나눈 것이다. 이 대담에서 '8호기의 실패'를 종종 인용하는 것은 아주 애매한 일상어 말고는 쓸 말이 없기 때문이다. 이는 뒤집어 보면, 현대의 과학이나 기술에 있어서의 표면적 현상을 의미하는 어휘가 아직은 부족하다는 뜻이며, 지금까지 우리들이 이러한 표현을 제대로 검토하지 않았음을 증명하는 것이기도 하다.

H-II 로켓 8호기 발사는 '불성공'으로 끝났다. 하지만 나는 이 '불성공'만큼 큰 성과를 이뤄낸 것은 없다고 생각한다. 왜냐하면 이 로켓의 개발 및 발사까지의 일련의 과정은 '극장 개발'이라 불릴(《H-II 로켓 상승》 마쓰우라 신야, 닛케이BP)정도로 모두 공개되었고, 나아가 오가사와라 제도 앞바다 해저 3000미터에서 엔진을 인양하여 분석과 원인규명을 통한 재도전을 계속 시도하였기 때문이다.

'불성공'에 이른 전 과정을 전체적으로 검증할 수 있는 기회는 이것이 최초가 아닐까? 구 일본 군부의 작전에서 볼 수 있는 '전진'뿐 아니라, 현대의 공공사업이나 경제정책 등의 실패가, 정치적 이유나 정치인 개인의 의도 때문에 불투명한 상태에서 쉽게 '백지화' 되는 지금의 상황에서 H-II 8호기의 사고만큼 철저하게 분석되고 원인규명을 위한 노력을 다한 사례는 드물다.

우리는 이러한 경험을 우주개발 분야에 한정하지 않고 장래를 위해 활용해야만 한다. 왜냐하면 이 불성공은 성공으로 가는 길을 가르쳐 주는 '보고(寶庫)'이기 때문이다.

나카노 후지오

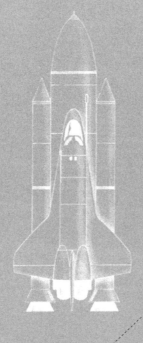

1

실패란 무엇인가

[실패의 본질을 파악한다]

나카노 먼저 '무엇을 실패라고 부르는가'에 대해서 생각해 보고자 합니다. 우리들은 일상적으로 '실패'라는 말을 사용합니다만, 반드시 명확한 기준을 가지고 있는 것은 아닙니다. 이 때문에 여러 상황에서 이해의 불일치가 생기고 있습니다.

따라서 '실패란 무엇인가'를 논하기 전에 '실패'의 의미를 정리해 두고자 합니다. 말하자면 '캘리브레이션(기준 만들기)'입니다.

고다이 그 부분에 대해서 제가 생각했던 것은 1989년 9월6일에 H-I 로켓 5호기로 히마와리 4호(정지기상위성 GMS-4)를 발사했을 때의 일입니다. 애초 계획은 한 달 전인 8월에 발사할 예정이었습니다만, 로켓이 발사대를 떠나지 못했지요.

H-I에서는 주엔진과 2개의 소형보조엔진이 점화되고 나서 6개의 고체 보조로켓에 착화신호가 갑니다. 따라서 주엔진과 보조엔진이 정상적으로 점화되지 않으면 긴급정지 상황으로 바뀌어 고체로켓이 착화되지 않습니다. 모든 부분이 완벽하게 연소되지 않으면 균형이 깨지게 되고 결국 로켓이 뒤집어져 버리기 때문에, 이것을 방지하기 위한 안전장치였던 것입니다.

8월에 발사하려고 했을 때는 주엔진과 보조엔진에 점화가 되어, 수 초 후에 발사되려는 순간이었습니다만, 2개의 보조엔 진 중에 하나가 제대로 착화되지 않았습니다. 그래서 안전장 치가 발동되어, 고체로켓은 점화가 되지 않았고, 주엔진도 연 소가 정지되었던 것입니다. 하지만 일부 TV 방송국이 '발사 실패'라고 보도하고, 신문도 '실패'라고 기사를 썼습니다.

나카노 그 상황이 바로 '무엇을 실패라고 부를까'에 대한 좋은 예가 되겠네요.

고다이 그렇습니다. 그 다음 달에는 발사에 성공했으니까요.

나카노 역시 가장 먼저 '실패'라는 말의 정의가 문제가 될 것 같네요. 우주개발사업단에서 실패에 관한 정의를 내려놓은 것은 없습 니까?

고다이 없습니다.

나카노 NASA(미항공우주국)나 ESA(유럽우주기구) 등 세계의 우 주기구는 어떤가요? 영어로는 어떻게 표현합니까?

고다이 영어로는, 조금 전 얘기했던 H-I의 경우는 'Malfunction'입 니다. 제대로 기능하지 않는다, 기계의 상태가 좋지 않다, 상 태가 나쁘다는 의미에서의 '기능장애'죠. 따라서 모두들 이 Malfunction이나 기능장애라는 표현을 사용합니다. 예전에 는 '이런 표현은 엉터리 속임수 아니냐'는 말을 들은 적도 있 습니다.

나카노 확실히 우주개발 분야에서 자주 사용되는 표현입니다만, 요 즘에는 다른 분야의 사고원인 등에서도 '기능장애'라는 말이 자주 들려옵니다. 이제 사회 일반적으로도 그렇게 드물거나 새로운 표현은 아니지요. 역시 단순히 '실패'라는 단어는 너무 포괄적이어서, 사고원인 등을 규명할 때 엄밀함이 결여되어 있기 때문에 적당하지 않다고 판단하고 있는 것 같습니다.

고다이 '실패'라는 말은 너무 단정적입니다. 아주 작은 실수에 의한 것에서부터 중대한 문제를 포함한 것까지 전부 한마디로 정리해 버립니다. 이 부분에 대해서 저는 줄곧 의문을 가지고 있었습니다.

나카노 모든 것을 한마디로 정리해 버리는 것이 아주 중대한 문제라고 생각합니다. 이 문제를 잘 나타내는 것이 99년 9월에 있었던 JCO 도카이사업소의 방사능 누출사고와 99년 6월의 산요(山陽) 신칸센 터널 콘크리트 붕괴 사고, 11월의 H-II 로켓 8호기 발사 실패, 2000년 2월의 M-V(뮤 파이브) 로켓 4호기 발사 실패, 그리고 2000년 3월의 지하철 히비야선(日比谷線) 탈선사고 등 일련의 사건에 대한 대응입니다.

어느 사례를 보더라도 배경에는 각각 특유의 문제가 있습니다. 그럼에도 불구하고 세간에서는 '일본 기술력의 저하'에 의한 사고, 혹은 실패의 범주로 집어넣어 버리더군요. H-II의 실패가 도카이무라(東海村) 사고로부터 2주 후에 일어났기 때문에 언론들은 이를 묶어서 '기술대국 일본의 신뢰가 흔들리다', '일본 기술력에 먹구름'이라는 식으로 보도했습니다. 완전히 이런 사건들을 하나로 뭉뚱그려 취급한 것이죠.

고다이 사건이나 사고의 차이도 명확하지 않았고, 기술적인 문제도 확실히 밝혀지지 않았죠.

나카노 그렇습니다. 예를 들면 JCO의 경우, 이것은 사고가 아니고 명확하게 사건이라 할 수 있습니다. 기술 문제가 아니라, 단순한 지식부족과 태만에서 초래된 문제였던 것이지요. 기술력의 저하가 아니고 도덕성과 지식의 결여에서 생긴 사건입니다.

산요 신칸센의 경우는, 염분과 알칼리에 의한 콘크리트의 열화와 함께, 콜드 조인트(콘크리트를 나누어 주입하기 때문에 생기는 불연속면)가 문제였습니다. 하지만, 도카이도(東海道) 신칸센에서는 이와 같은 문제는 일어나지 않았습니다. 그리고, 산요 신칸센 근방에서는 콜드 조인트 발생을 방지하면서 세토대교(瀬戸大橋)나 아카시해협대교(明石海峡大橋)가 건설되었습니다. 그렇다면 이것도 기술력 저하에 의한 것이라 볼 수 없습니다. 허술한 시공과 유지 · 보수 검사를 제대로 하지 않은 것이 문제였고, 역시 도덕성 결여에 의해 일어난 사건이었습니다.

H-II 8호기나 M-V 4호기의 발사 실패는 이런 사건과는 질적으로 다릅니다. 기술적인 부분에 대해서는 나중에 이야기를 나누었으면 하고요, 그보다 먼저 우주개발에 있어서 검사(Check)체제가 어떻게 되어 있는지 궁금합니다.

고다이 우주개발에서는 아주 세심한 검사가 이루어집니다. 그래도 부족하다는 말을 듣습니다만, 시스템 상에서는 아주 세세한 부분까지 체크하도록 되어 있습니다. 따라서 큰 부분, 중요한 부분의 확인을 빼먹게 될 가능성은 비교적 적다고 봅니다. 시스템에 따라 움직이게 되면 예측 가능한 문제를 상당 부분 막을 수 있고, 실제로 그렇게 트러블을 방지해 왔습니다. 하지만 문제가 있다면, 이러한 검사가 형식적으로 변해버린 것은 아닐까 하는 우려입니다. 즉, 검사를 해야만 했던 이유가 시대가 변함에 따라 점점 옅어져서 남아있지 않게 되어 간다는 말입니다. 아무리 잘 만들어진 체크 시스템이라도 사람에게 있어서는 언젠가는 '세리머니'가 되어 버립니다.

나카노　그렇습니다. 지하철이나 기차의 플랫폼에서 역무원이 손가락을 써가며 안전 확인 체크를 하는데, 이것도 제대로 보지도 않고 그저 정해진 대로 손가락만 움직일 뿐이라면 역시 세리머니에 불과한 것이 됩니다.

고다이　전철의 운전수도 신호를 지날 때 반드시 소리를 내서 확인하지만, 그것이 머릿속에서 판단하고 나서 행동으로 옮기는 것인지, 동물적인 반사 신경으로 소리를 내는 것인지 알 수 없다는 문제가 있습니다. 따라서 형식적인 세리머니가 되지 않도록 몇 년에 한번 그 시스템 자체를 체크하는 시스템을 만들지 않으면 안 되게 되었습니다.

나카노　'체크 시스템을 체크하는 시스템'이라는 것이군요.

고다이　그렇죠. 하지만 이것도 역시 언젠가는 형식적으로 변할 가능성이 있죠.

나카노　체크 시스템을 체크한다는 것은 결국은 도덕성의 문제가 되겠군요.

고다이　인간은 결국은 익숙해져 버립니다. 항상 적당한 긴장이 있어야 좋은 건데, 살아 있는 인간에게 그렇게 오랫동안 긴장을 유지시킬 수는 없죠. 따라서 로켓발사에서는 3호기, 4호기, 5호기로 이어 가면서 많은 궁리를 합니다. 예를 들자면 '발사 총점검' 같은 것입니다. 그 전까지는 없었던 일정과 내용에 대한 점검입니다. 뭔가 신선한 느낌이 들어서 모두들 각자 고민해서 점검에 임하게 됩니다. 하지만 이것이 2회째 총점검이 되면 적잖이 '예전과 같다'는 의식이 생기게 됩니다. 이전 점검 때는 이런 부분이 부족했으니까 조금 방식을 바꾸어 보자는 식의 인식이 생기면 좋겠습니다만, 어느새 예전과 같은 패턴이 되어 버립니다. 그래서 이번에는 '외부'를 참가시킨 총점검을 해보게 됩니다.

나카노 외부요?

고다이 외부 인사 영입을 말합니다. 예를 들자면 전에는 종(縱)적인 흐름에서 보았던 것을 이번에는 외부 인사의 눈으로 횡(橫)적인 측면에서 보는 것입니다. 나아가 '총점검'이라는 표현은 이미 사람들의 눈에 익숙해져 버렸기 때문에 다른 말로 표현하고 싶었던 이유도 있습니다. 어쨌든 항상 이전과는 다른 분위기를 만들려고 했습니다.

제 생각에 총점검이란 것은 액면 그대로 로켓의 맨 꼭대기에서 맨 아래쪽 구석구석까지 점검하는 진정한 총점검입니다. 현장에서의 실제적인 점검은 각각의 부분을 담당하는 기업체 사람들이 합니다. 그래서 누가 조립했는지, 누가 체크했는지 정확하게 확인된 서류가 우주개발사업단(NASDA)에 올라옵

로켓 개발 그 성공의 조건

니다. NASDA 직원이 누가 조립했는지를 돌아다니면서 듣는 것은 아닙니다. 하나의 회사에서 작업하고 있는 것이라면 총점검도 그 정도까지 하면 충분하다고 생각합니다. '이 볼트는 A씨가 조였다, 정말로 조였는가? 몇 월 며칠에 A씨가 확실히 조였다'라는 것까지 확인되는 수준이라면 말입니다.

하지만 로켓 같은 대규모 시스템에서는 실제로 그렇게까지 할 수는 없습니다. 결국은 역시 도덕성을 철저히 하는 것입니다. 극단적인 예를 들어보겠습니다. 미국의 사례입니다만, 실제로는 점검하지 않았는데 체크한 것으로 해서 대충대충 서류에 기입한 예도 있었습니다. 일본에서는 그 정도까지 도덕성이 떨어져 있지는 않다고 저는 믿고 있습니다.

나카노 하지만 객관적으로 생각하면 도덕성 문제로 취급해 버리는 것은 위험하지 않을까요? 정신적인 면이 강조되어 기술적인 엄밀성이라는 본질을 잃어버리는 것은 아닐는지요?

고다이 물론 그럴 가능성도 있습니다. 우주개발에 모든 정열을 쏟아부었던 시대에는 자기 자신이 '우주개발에 참여하고 있다'는 정열이 있어 의욕이 충만해 있었죠. 하지만 시간이 지남에 따라 그 정열의 시대를 잃은 사람도 나옵니다. 이런 의미에서는 개인의 성격이나 개인이 처해 있는 상황에 크게 좌우될 가능성이 있습니다.

그렇다면 이를 막기 위해서 어떻게 하면 되는가. 하나는 철저한 매뉴얼화입니다. 맥도널드의 햄버거는 아니지만, 누가 하더라도 같은 결과가 나오도록 디즈니랜드나 맥도널드처럼 철저하게 매뉴얼화하는 것입니다.

나카노 맥도널드와 같은 매뉴얼화는 전세계 체인에서 만들어 내는 방대한 양의 제품의 공통화를 이루기 위한 방법입니다. 우주개발 현장에서의 매뉴얼화는 다르다고 생각합니다. 게다가 철저한 매뉴얼화는 획일화하는 것이 목적인 햄버거 체인에서는 유효합니다만, 항상 기술적인 발전을 요구하는 분야에서는 부정적인 면도 있지 않을까요?

고다이 기술 개발 분야에서 가장 훌륭한 매뉴얼화란 이른바 '명인의 솜씨'일 것입니다. 우주개발의 경우로 말하자면, 도덕성과 정열을 가진 '직업적 장인'입니다. 초기 단계에서는 이러한 정열을 가진 장인들이 어떤 모델 없이도 무아지경의 수준으로 일을 하게 됩니다. 물론 기술적인 실패 역시 무수히 있었습니다만, 이를 통해 기술을 만들어 왔던 거죠. 그러한 기술, 즉 명인 수준에 올라선 장인들의 솜씨가 매뉴얼인 셈이죠.

하지만 우주개발만이 아니고 지금은 일본 전체에서 그러한 장인의 솜씨가 전승되고 있지 않은 듯합니다. 검을 만드는 명인의 세계와는 좀 다른 것이, 과학기술의 거대 시스템이라 해서 직업적 명인이 수 천 명이나 있는 것이 아닙니다. 그러므로 누가 보더라도 알 수 있는 시스템을 만들지 않으면 안 됩니다. 투명성이 있으며, 인식이나 판단을 공통화 하는 것이어야 합니다. 이러한 매뉴얼화를 하고 싶습니다만 로켓은 햄버거와 달리 만드는 숫자가 적습니다. 하나만 개발하고(일품개발), 하나만 생산하고(일품생산), 그 하나만을 발사(일품발사)

합니다. 그리고 위성도 하나만 운용(일품운용)합니다. 이 상황에서 완전한 매뉴얼화는 불가능합니다. 이것이 큰 고민인 것이죠. 이 세상에는 이런 것들이 꽤 많다고 생각합니다.

일본은 전후 어떤 시기부터 대량생산을 통해 성공해 왔습니다. 매뉴얼화 뿐만 아니라, 제품 기획 등에서도 꽤 뛰어난 성공을 거두었습니다. 하지만 이 '일품' 분야는 제대로 할 줄 아는 것이 없지 않은가 하는 의문이 듭니다. 여기에 대해서는 어떻게 생각하십니까?

나카노 일본은 '기술입국'이라는 말을 자주 씁니다. 저는 여기에 오해가 있다고 생각합니다. 새로운 것을 개발하는 기술력으로 이익을 올리는 것이 '기술입국'입니다. 하지만 일본의 공업체제는 라인 제조에 의해 이익을 올려온 '제조입국'입니다. 이러한 '개발'과 '제조'의 차이를 정치가나 경제학자는 물론, 언론도 지금까지 이해하지 못하고 있습니다. 'Made in Japan'의 제품이 세계에 나가 있으면 그걸로 기술입국이 되었다고 착각하고 있습니다. 그러니까 일본의 기술은 뭐든지 세계 톱클래스라는 오해가 생겨나게 됩니다.

고다이 아주 한정된 종류의 제품을 대량으로 만드는 면에서 일본이 상당히 강했다는 것은 사실입니다. 그 결과, 기술자나 그 주위 사람이 대량생산형 시스템에 익숙해져 버린 것이죠. 무엇이든 대량생산형 사고가 주류가 되었던 것입니다. 결국 단 하나만 만들어내는 '일품생산'은 이단아 취급까지는 아니더라도 사람과 기술을 유지하기 어려워졌다는 것만은 사실입니다.

상당한 돈과 시간을 투입하면 이를 유지할 수는 있습니다만, 단 하나의 물건, 그것도 아주 고도로 어려운 기술개발을 한다고 하더라도 대량생산형 사고로 받아들이다 보니 '가격도 비싸서는 안 된다'는 식이 되어 버립니다. 이른바 대량생산, 대량소비의 생산물과 같은 목표를 부여하게 되니까 아무래도 거기서 차이가 생기게 되고, 문제는 상당히 어려워집니다. 소량품종, 소량생산으로 그런 부분의 간극을 해결하는 방법이 지금 일본에 있으면 얼마나 좋을까 생각해 봅니다.

나카노 자동차 경주인 F1이 그 전형이라고 할 수 있겠네요. 일품생산에 집중하기 때문에 기술력의 승부가 이루어지게 되고, 이로 인해 기술수준이 올라갑니다. 대량생산에 의한 제조의 승부가 아닌 거죠.

고다이 그러니까 돈과 시간을 투자하게 되면, 그 안에서 여유가 생기게 됩니다. 일본이 결코 할 수 없다는 말이 아닙니다. 시장원리로 말하자면 이런 부분은 당장 돈이 되지 않지만, 장래를 위해서 해야만 하는 것입니다. 회사에서 이 '여유' 부분을 투자한다는 말입니다. 이런 여유가 사라지게 되면 기술개발이나 기술력의 유지가 어렵게 된다고 봅니다.

나카노 우주개발 분야에 대해서는 지금 일본에서는 국가가 그 '여유'를 투자하지 않으면 안 됩니다. 하지만 유감스럽게도 일본은 이 부분에 대한 이해가 있는 것 같지 않습니다. 이것도 역시 대량생산형의 공업체제에 익숙해져 버렸기 때문이겠죠. 새로운 것을 만들어 내는 개발기술, 그 기술을 만들어 내는 기술

개발에 진지하게 몰두하는 것 같지 않습니다.

이 같은 풍조가 요즘 많은 폐해를 불러일으키고 있습니다. 일본인의 과학기술에 대한 극단적일 정도의 무지, 무관심도 이것과 결코 관계가 없지 않습니다. 과학이나 기술에 대한 사고, 태도가 아주 얄팍해졌습니다. 처음에 말한 JCO 방사능 누출을 비롯한 몇몇 사고나 실패를 하나로 묶어서 '일본 기술력의 저하'라고 한 것도 동일 선상에 있습니다. '무엇을 실패라고 부르는가'를 이야기하기 전에 '기술의 본질이란 무엇인가', '실패의 본질은 무엇인가'를 거의 이해하지 못하고 있다고 봅니다.

예를 들면 2000년 3월에 있었던 지하철 히비야선의 탈선사고를 생각해 볼 수 있습니다. 당시 축하중에 30%나 되는 밸런스의 불균형이 있었다고 들었습니다. 이 정도는 상식적으로 도저히 생각할 수 없는 수치입니다.

고다이　그렇습니다. 그 정도로 크게 밸런스가 어긋난다는 것은 우주 개발에서는 절대로 생각할 수 없죠. 항공기를 보더라도 중심이 30%나 어긋나 있으면 날 수도 없습니다.

나카노　그럼에도 불구하고 하루에 몇 만대나 운행되는 전차에서는 일상적으로 이러한 축하중의 불균형이 발생하고 있습니다. 이는 기술적으로 보아도 이상한 일입니다.

고다이　저도 30%라는 수치를 보고 생각했습니다만, 철도는 150년 정도의 역사가 있잖아요. 철도라는 것은 경험공학입니다. 철도 마차시대 때부터 발전해 온 것으로 '하나의 방법이 잘 되면 다음은 이 방법으로' 하는 식으로 진보해 왔습니다. 그러는 사이에 많은 실패를 하고, 이를 수정하면서 나아가는 식입니다. 그 과정에서 공기스프링을 채용하는 등 지엽적으로는 상당히 진보했다고 생각합니다. 이런 가운데 30%라는 수치는 너무 큽니다. 왜 조정하지 않는 걸까요? 사람이 타니까 좌우 어느 쪽으로 쏠리는 징도는 예상할 수 있을 것이고, 그런 큰 불균형이 있으면 언젠가는 문제가 일어날 것이라는 사실을 몰랐을까요? 신문에도 나왔습니다만, 어느 철도회사는 축하중의 불균형을 10% 이내로 억제한다든가 또 회사에 따라서는 평소에는 계측하지 않는 등 다양한 방침들이 있었습니다. 하지만 중심이 어긋나면 주행이 불안정해지는 것은 당연한 일 아닙니까? 모형 전차로 실험해 봐도 그 상태라면 당연히 탈선할 것이라고 생각합니다.

나카노 철도는 대단히 숙성된 기술의 대표인 것처럼 말을 합니다만, 실제로는 그렇지 않은 부분도 있다고 생각합니다. 숙성된 기술도 있지만, 방금 전 고다이씨가 말씀하셨듯이 '이것이 잘되면 다음에는 이것을'이라는 식으로 엄격한 기술적 근거가 없는 부분이 혼재하고 있는 것이 아닐까요? 축하중의 불균형도 그 하나였다고 생각합니다. 이 문제가 운전수의 조작 기술과 속도제한에 의해 커버되어 왔던 것이지요. 이런 것들을 전부 포함한 것이 '철도'가 되지 않았을까 생각합니다.

고다이 일본에는 철도연구소도 있어서 예전에는 다양한 연구가 이루어졌지만, 얼마 전 철도 관계자에게 물었더니 최근에는 기존

기술에 대해서는 논문도 거의 나오지 않는다고 합니다.

나카노 역시 과거의 것으로 치부되어버린 상황이군요.

고다이 그렇다고 할 수 있겠죠. 옛날에는 간과해버렸던 문제인 것이죠. 그때야 그럭저럭 지나쳐 왔지만 그 동안 철도 시스템이 조금씩 변해왔고 그것이 지금에 와서 히비야선 탈선 사고와 같은 형태로 나타나게 된 것이 아닐까 생각합니다.

나카노 운전 기술로 커버해 왔지만, 결국 축하중의 불균형이 한계점을 넘어 버렸다는 것이겠네요.

고다이 로켓의 경우에도 비슷한 사례가 있습니다. 우주과학 연구소의 M-3SII 8호기가 그랬습니다. 1호기에서는 요만한 위성을 발사해서 무사히 진행되었다, 그 다음 2호기는 이 정도 중량의 위성으로 역시 별 탈이 없었다, 그러면 3호기에서는 좀 더…. 이런 식으로 조금씩 무거운 위성을 쏘아 올렸습니다. 로켓의 능력도 이에 동반해서 조금씩 향상시켜 7호기까지 성공했습니다. 마진(설계여유)이 있었던 거죠.

하지만 1호기에서 7호기로 위성의 중량이 증가함에 따라 마진은 점점 줄어들었을 겁니다. 그리고 8호기에서는 그 전과 비교해 훨씬 더 무거운 캡슐과 같은 것을 탑재했습니다. 이것이 일정선을 넘어 버린겁니다. 전체 불균형한 상태에서 로켓이 발진해 버린 것 같습니다.

나카노 철도기술과 같은 경험공학적 발상이군요.

고다이 그러니까 지하철 사고 소식을 들었을 때, 똑같은 방식을 취하고 있었던 것은 아닌가, 이대로 괜찮은 걸까, 의문을 가지게 된 것입니다.

나카노 하지만 축하중이 30%나 벗어나 있었다는 것은 허용오차를 넘어서는 이야기군요. 더욱이 사람을 운반하는 교통기관이라는 점을 볼 때 이 정도 오차가 통용되고 있다는 것, 그 자체가 정말 '이대로 괜찮은 걸까?'라는 부분이었겠네요.

고다이 신칸센은 이런 점에 대해서는 잘 고안되어 있다고 합니다. 개발 관계자로부터 들었습니다만, '새로운 기술은 아무것도 없다'고 하더군요. 물론, 고속주행용 팬터그래프 개발이나 터널 내에서의 풍압, 기차가 서로 스쳐 지날 때 상황에 대한 연구 등이 이루어지고 있기 때문에 전혀 없다고는 볼 수 없습니다만, 기본적으로는 오래 전부터 연구되어 온 것으로 완전히 새로운 기술은 없다고 합니다. 무엇보다도 신칸센은 위험 요소를 배제해버립니다. 무슨 얘기인가 하면, 철도운행에 있어서의 사고는 대부분의 경우 사람이 관여되어 있지요. 건널목에 들어선 자동차나 사람과의 충돌, 그리고 운전사에 의한 조종 같은 것들입니다. 신칸센에서는 이러한 위험을 배제하기 위해서 철저하게 이들을 주위 환경으로부터 격리시켰습니다. 산간지역이나 시가지에 관계없이 배제한 것이지요.

나카노 역 구내를 제외하면, 신칸센의 선로는 '무인지대'니까요.

고다이 차도 사람도 들어갈 수 없도록 해 놓은 상태, 그 상태에서 운행하는 것이지요. 사고요인을 배제해버렸기 때문에 자동차와의 충돌도 없고, 상식적으로는 사람이 들어갈 일도 없습니다. 저는 이것이 아주 잘 고안된 시스템이라고 생각합니다. 하지만 그래도 어디에선가 기어 들어온 사람이 사망하는 인명사고는 있는 것 같습니다만, 이러한 경우 제외하면 어쨌든 사고로 연결되는 요인을 배제한 것입니다.

그리고 신칸센은 커브 구간이 아주 적습니다. 있더라도 완만합니다. 일본은 지리적인 요인으로 인해 커브가 많아지게 마련인데 그래도 이를 철저하게 배제했습니다. 이것이 조금 전 지하철과 아주 다른 부분입니다.

거기에 자동주행 시스템이 있습니다. 직선 부분이 많아 장애물만 없으면 고속주행이 가능합니다. 또 하나는 운행시간을 한정한 것입니다. 심야에는 운행하지 않습니다. 따라서 매일 철저한 보수점검이 가능합니다. 여기에는 엄청난 자금이 들어갈 테지만, 시스템 체크를 짬짬이 틈내서 하는 것이 아니라 한꺼번에 모아서 하는 것이 가능하죠.

이런 식으로 문제가 되는 것을 철저히 제외해 가면서 말끔히 만든, 장점만을 살린 시스템이 신칸센이라고 생각합니다. 이렇게 되면 남은 것은 팬터그래프와 기차가 서로 스쳐 지나갈 때의 문제 정도일지도 모릅니다.

나카노 어떤 의미에서는 엄청나게 제멋대로인 개발이군요. 운행시간도 노선환경도 모두 자신의 조건에 맞추어 버렸네요.

고다이 하지만 현실적으로 사람이 타는 것이니까요 역시 안전확보가 중요하죠.

나카노 사람을 수송하기 때문에 확실히 그렇겠지요. 하지만 기술적인 면에서 볼 때는 '도전적'이라고 볼 수는 없네요. 물론 너무 도전적인 요소가 있으면 곤란하겠지만요.

그렇다면 도전적이지도 않고 이미 숙성된 철도기술의 일각에서 축하중의 불균형이 방치되어 온 것은 큰 문제라고 생각합니다. 이에 비해 도전적인 기술의 대표와 같은 우주개발에서는 어떤 종류의 실패는 일어나게 마련이므로, 이를 넘어서지 않으면 안 되는 것입니다. 하지만 로켓이나 위성의 실패에 대한 일본사회의 반응은 꽤 다릅니다. 극복해 가자는 것이 아니고, '왜 실패 했는가'라는 표면적인 비판뿐입니다.

고다이 당시 오부치 게이조(小渕惠三) 수상은 '실패가 있더라도 로켓 개발은 계속 한다'는 성명을 발표했습니다. 일본에서는 이례적인 일이었습니다.

나카노 확실히 오부치 수상은 그런 성명을 발표했습니다. 하지만 그 후, 과학기술청(당시)은 예산을 삭감하기 위해 전력을 다하는 것처럼 보였고, '실패를 극복해 가자'는 식의 전향적인 자세 같은 건 없었다고 생각합니다. 저는 일본의 우주정책인 '우주개발정책대강'을 만드는 우주개발위원회의 기본전략부회의 위원이었습니다만, 1년 가까이에 걸쳐 계속된 논의 가운데에서 과학기술청에게서는 '실패를 극복하자'는 적극적인 자세는 전혀 느낄 수 없었습니다.

로켓의 실패만으로 우주개발 계획 전체를 억제하려는 듯한 느낌이었어요. 소극적이라고 할까, 완전히 위축된 상태였지요. 이래서는 '과학기술 창조입국'은 말이 안 됩니다.

저는 우주개발에 있어서의 기술은 과거 일본이 경험해 오지 않았던 분야라고 생각합니다. 다른 공업제품과는 '개발의 사상' 자체가 전혀 다르다고 할 수 있습니다. 예를 들자면 엔진이 그렇습니다. 자동차용 **리**스프로엔진도, 항공기용 제트엔진도 명칭은 공통된 엔진입니다만, 알맹이와 개발 프로세스는 전혀 다릅니다.

자동차용 엔진은 시험용 모델로 연소시험이나 내구시험을 반복해 가면서 데이터를 얻어 가죠. 이어서 개량을 거듭해서 시작(試作)엔진을 만듭니다. 그 후 실제 차에 탑재해서 주행시험을 계속하면서 양산형을 만드는 것입니다. 하지만 그 많은 부분은 경험공학적인 축적에 의해 유지가 이뤄지고 있습니다. 이에 대해 항공기용 제트엔진은 요구된 추진력을 확보할 수 있는 설계값에 빠듯한 강도로 우선은 시험 제작을 합니다. 철저하게 경량화를 추구해 더 이상 재료를 얇게 하면 파손될 정도의 아슬아슬한 선에서 설계를 하지요. 그리고 부하를 건 연소시험을 반복합니다.

당연히 시험 엔진은 약한 곳에서부터 파손됩니다. 이 파손된 곳을 검증하고, 강화된 설계로 다음 시험 엔진을 만들고, 또 다시 연소시험으로 부하를 겁니다. 또다시 강도가 부족한 부분이 파손되므로 이곳을 강화합니다. 이러한 것을 몇 번 되풀이하면 처음엔 경량이었던 엔진도 조금씩 무거워집니다만, 결과적으로 추진력과 균형이 잡힌 강도, 중량이 나옵니다.

그러나 로켓엔진은 자동차용 엔진은 물론 제트엔진과도 전혀 다른 프로세스입니다. 시험엔진을 개발하기까지는 비슷하지만 연소시험 자체가 다릅니다. 그리고 무엇보다도 완성된 엔진의 사용법이 다릅니다.

고다이 그렇습니다. 로켓은 스페이스셔틀을 제외하면 모두 '일회용'이므로 엔진에 요구하는 것은 단 한 번의 확실한 연소입니다.

나카노 조금 저속한 표현일지 모르겠습니다만, '한 방 승부'인 셈입니다. 따라서 요구되는 연소시간도 정해져 있습니나. 처음부터 수명이 정해져 있는 거죠. 이 수명을 전제로 해서 아슬아슬한 한계선에서 설계를 합니다. 이 시간 동안만 연소해주면 된다는 것입니다. 얼마든지 튼튼하게 만들 수 있지만 그렇게 하게 되면 중량이 증가해서 핵심 능력이 떨어지게 되고, 엔진 가격이 올라 결과적으로 로켓의 발사비용에 영향을 미치게 됩니다. 그러니까 극단적으로 얘기하자면 요구되는 연소시간이 지나면 그 순간에 파손될 정도의 강도가 이상적인 것이죠. 하지만 그 아슬아슬한 선을 노리기 때문에, 아니 노릴 수밖에 없기 때문에 아무래도 어느 정도의 실패는 각오하지 않으면 안 되는 것입니다.

고다이 그래서 세계의 로켓 개발기관에서는 90%나 95%처럼 성공률이라는 것을 설정합니다. H-II에서는 성공률을 90% 이상으로 설정해, 설계, 시작(試作), 제작을 진행해 왔습니다. 최종적으로는 거의 95% 수준이 될 예정이었습니다. 로켓 20기를 쏘아 올린다면 1기 정도가 실패, 나쁘면 2기 정도는 실패한다는 수준이었죠.

나카노 하지만 이것은 40기나 50기를 발사할 때의 평균치입니다. 초기단계에서는 실패 확률은 아주 높습니다. '욕조 곡선 (Bathtub Curve)'라는 표현이 있듯이 발사기 수가 많아짐에 따라 점차적으로 실패 확률이 낮아지고 안정기에 들어갑니다. 이것은 어떤 공업제품에 대해서도 통용되는 이야기입니다. 자동차도 완전히 새로운 엔진을 장착한 새로운 디자인의 차는 왠지 주저하게 됩니다. 당분간 두고 보는 것이죠. 그리고 2,3년 지나서 마이너 체인지를 끝낸 시점에서는 안심하고 구입할 수 있게 됩니다.

로켓도 같습니다. 최초의 10기나 20기는 '독을 빼내는'기간입니다. 이 단계에서의 성공률은 60%나 70% 정도일지도 모릅

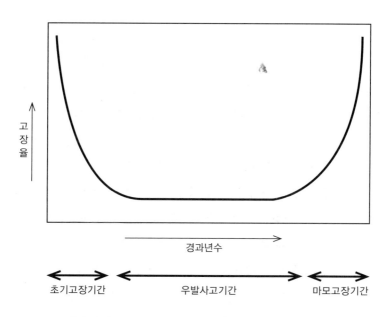

욕조곡선(일회용인 로켓에서는 그래프 오른쪽은 해당되지 않음)

니다. 하지만 이 시기를 지나야 95%라는 소기의 목적을 달성할 수 있게 됩니다. 또 로켓은 발사에 성공하든 실패하든 로켓 실물은 돌아오지 않습니다. 실패해도 실물이 수중에 없기 때문에 그 원인인 '독'이 어디에 있는지 모릅니다. 반대로 성공을 해도 여유있는 상태에서의 성공이었는지, 아니면 얼음 위를 걷는 듯한 아슬아슬한 성공이었는지 알 수가 없는 것이지요.

시험장에서 주행테스트를 계속하면서, 또는 실용화되고 나서도 세부까지 확인할 수 있는 자동차엔진이나 정기검사에서 안정성을 확인하면서 완성도를 높일 수 있는 제트엔진의 개발과는 질적으로 다릅니다. 제가 우주개발 기술은 일본이 과거에 경험한 적이 없는 분야라고 한 것은 이러한 의미입니다. 로켓엔진의 개발은 표현을 바꾸면 '독을 빼내는 단계'조차도 시행착오의 연속이 되는 것이 필연이며, 사실상 세계의 다른 우주개발기구는 이것을 꾹 참아 왔을 것이 분명합니다. 진심으로 기술입국을 지향한다면 이러한 노력을 하지 않으면 안됩니다. 그럼에도 불구하고 일본에서는 로켓 개발 초기의 실패에 대해 정치가가 "실패가 약이 되었다고 할 시기는 지났다"고 발언하고, 언론매체가 "기술대국 일본의 신뢰가 흔들리다"라고 써 대는 것은 역시 실패의 본질, 기술의 본질을 이해하지 못하기 때문이라는 생각입니다. 기술개발을 아주 값 싼 것으로 생각하고 있다는 말입니다. 그야말로 대량생산에 익숙해져 버려, '기술입국 일본'의 환상에 현혹되고 있다고 할까, 어쨌든 '무엇을 실패라고 부르는가'를 이해하지 못하고 있다고 생각합니다.

고다이 앞에서 히마와리 4호를 발사한 H-I 5호기 이야기를 했습니다만, 여기에 관련된 이야기이므로 좀 더 자세히 설명하겠습니다.

로켓발사라는 것은 수많은 사람들이 준비를 진행하고, 아시다시피 10, 9, 8, 7, 6, 5식으로 카운트다운을 합니다. 누가 생각했는지 이 카운트 다운이란 것은 긴장감을 높입니다. 카운트다운 제로, '리프트 오프'에서 로켓이 올라가게 되는데, 액체 로켓엔진은 실제로 발사되기까지 시간이 좀 걸립니다. 이 때문에 카운트다운 제로 보다 5~6초 전에 착화해서 추진력을 상승시키는 것이지요.

H-I 5호기의 경우에는 우선 메인 엔진에 불이 붙어 연소되기 시작했습니다. '좋아!'라고 생각했지요. 그런데 그 순간, '엔진 컷오프'로 멈춰 버렸습니다. 멈췄다기보다는 멈추게 만든 것이지요. 앞서 얘기를 드렸듯이 H-I에는 소형 액체보조엔진 2개가 장착되어 있습니다. 로켓이 상승할 때의 회전을 제어하는 엔진입니다. 이 보조엔진 중 하나가 점화되지 않았기 때문에 메인 엔진이 멈추게 된 것입니다. 혹시 정지되지 않고 그대로 진행되어 다음 단계에서 고체로켓에 점화되었다면, 로켓은 상승하면서 균형을 잃고 회전해 버리게 되므로 버튼을 눌러서 '지령 파괴'를 해야 합니다. 다시 말해서 폭파시켜야 합니다. 하지만 처음 단계에서 메인 엔진은 멈췄습니다. 메

인 엔진 연소하는 곳에는 압력센서가 많이 붙어 있습니다. 이것으로 메인 엔진이 착화했는지 제대로 화염을 뿜어내는지를 탐지합니다. 증거를 수집하는 것입니다.

하지만 고체 보조로켓으로 들어가는 점화신호는 이 센서만으로 받는 것은 아닙니다. 실은 메인 엔진 노즐 밑에 와이어가 2개 붙어 있습니다. 이 와이어가 녹아 날아가 버리게 되면 메인 엔진이 틀림없이 화염을 뿜어냈다는 것을 확인합니다. 와이어가 녹고 메인과 보조엔진의 압력도 올라갔을 때 고체 보조로켓에 점화가 되는 것입니다. 컴퓨터로 조종하는 것이 아니라 이러한 로직이 짜여 있습니다. H-I 5호기에서는 와이어는 녹았지만 보조엔진의 압력이 올라가지 않았기 때문에 고체 보조로켓에 불이 붙지 않았습니다. 그리고 자동적으로 메인 엔진이 긴급정지된 것입니다.

이것은 미국의 아이디어로 1950년~60년대에 개발된 기술입니다만, 아주 잘 고안되어 있습니다. 지금도 LE-7 엔진에는 이 와이어를 사용합니다.

H-I 5호기의 경우 제가 발사 책임자였는데, '고체 보조로켓에 불이 붙으면 큰일'이라고 생각했습니다만 아무 일 없이 안전했기 때문에 우선은 안심했습니다. 그리고 바로, '주위가 좀 소란스러워지겠구나'라고 생각했습니다.

나카노 주위란 세간을 말합니까?

고다이 사회 일반이나 언론매체의 반응, 이에 대한 대응 등입니다. 그래서 여담입니다만, 바로 다른 사람에게 "남은 밥이라도 괜찮으니까 밥을 많이 가져 와"라고 부탁했습니다. 앞으로 식사할 기회가 줄어드니까요.

나카노 그 전에도 식사할 기회는 별로 없죠?

고다이 그렇습니다. 발사 준비 중에는 그럴 시간이 없습니다. 하지만 앞으로 더욱 힘들어지고 몇 십 시간 승부를 해야 한다면 우선은 배를 채워야 한다고 생각했습니다. 그래서 다른 사람이 남긴 것에서부터 뭐든지 모아서, 맛은 없었습니다만 억지로 먹었습니다. 그 때 벌써 TV에는 '실패'라고 나왔습니다. 그리고 바로, 도쿄에서 연달아 문의가 들어 왔습니다. 정치인도 포함해서 모두들 '실패'해서 로켓이 폭발했다고 생각한 겁니다. '폭발인가, 위성도 폭파되었는가? 그건 큰일이다. 히마와리 4호의 폭발은 곤란하다. 정말 큰일이다. 곤란하게 됐다'고 하는 겁니다.

하지만 그 후 바로 TV에 로켓이 발사대에 서 있는 영상이 나왔으므로, 도쿄로부터 "로켓이 뒤집어졌다든가 폭발로 사라진 줄 알았는데 그대로 있잖아. 실패는 아닌 거 아냐?"라는 말을 들었습니다.

저는 바로 시작된 기자회견에서 회견장의 신문기자 분들에게 "발사 실패라고 쓰지 말아 주십시오. 다른 좋은 표현을 생각해 주시지 않겠습니까?"라고 했습니다. 물론 착화 실패이기는 하지만 발사 실패는 아니니까요. 그랬더니 기자들로부터 "어떠한 표현이 좋을까요?"라는 질문이 나오더군요. 저는 "가장 좋은 것은 '로켓이 발사대를 떠나지 못했다'는 표현이 아닐까요?"라고 답했습니다만, 역시 그 후 신문에는 '실패'로 나왔습니다.

그때 발사에 대해서 아리안 스페이스의 도쿄 지사장인 클로든 씨는 "이것은 실패가 아니다. 안전하게 제대로 정지시켰는데도 실패라고 하는 것은 곤란하다"고 우리를 변호해주기도 했습니다. 실제로 유럽이나 미국의 우주기관에는 로켓 발사에 대해서 반드시 'failure(실패)'라던가 'success(성공)' 같은 단순한 표현은 쓰지 않습니다.

나카노 'failed to orbit(궤도 진입 실패)', '1st stage fuel injector failure(제1단 엔진 연료 고장)'이라든가 구체적인 표현을 하죠. H-I 5호기의 케이스로 말하자면 엔진의 'combustion aborted(연소 중단)'이나 보조엔진 'ignition failure(점화 실패)'가 되겠죠.

지금 말씀을 들으면서 생각이 났습니다만, 그 전 상황이 궁금해지는 군요. 엄밀하게 말하면 보조엔진의 점화 실패는 어디까지나 표면적인 결과이지, 착화되지 않았던 데에 원인이 있는 것이잖습니까? 그 원인은 무엇이었습니까?

고다이 우선 보조엔진 하나에 착화되지 않았다는 것은 바로 알았습니다. 이것은 압력 데이터 상에서도 명확하게 나옵니다. 하지만 이것이 무엇 때문인지, 어느 부분이 상태가 좋지 않아 그렇게 되었는지는 바로 알지 못했습니다. 어쨌든 발사준비 때까지는 보조엔진 밸브를 시험작동시켰고, 그 이전 단계에서는 연소시험, 훨씬 이전에도 여러 가지 시험을 했습니다. 그 때마다 제대로 작동했습니다. 발사 직전에도 시운전을 했을 때 작동은 문제가 없었습니다. 문제가 생긴 것이 시운전 후인지, 아니면 정말로 가장 마지막 단계인 착화시점이었는지는 모릅니다만, 밸브가 파손되었습니다. 이 보조엔진은 미국 기술로 만든 것인데, 많은 실적을 통해 검증된 제품으로 일본에서도 다양한 시험을 했습니다. 이 엔진은 알루미늄 몸체에 아주 얇은 나사로 조립합니다. 하지만 알루미늄과 얇은 나사로는 약하기 때문에 '헬리컬 인서트'라는 것을 사이에 넣어서 조립합니다. 문제는 이 나사의 조립법인데, 밸브에는 밖에서는 보이지 않는 부분이 있습니다. 거기에 나사를 꼽을 때 아주 약간 구부러진 방향으로 들어간 것입니다. 가정에서 무언가를 조립할 때에도 작은 나사못이 구부러지는 일이 자주 있잖아요. 바로 그것입니다. 그래서 인서트가 조금 파손된 것입니다. 그 상태로 몇 십 회나 시험을 반복했기 때문에 결국 마지막에 연결 나사가 끊어진 것이겠죠.

나카노 나사가 조금 구부러져 있었다는 것은 어떻게 알았습니까?

고다이 물론 분해해서 확인합니다만, 그 전에 X선 촬영으로 내부 상황을 조사합니다. 그러고나서 분해해 하나하나 조사해 나갑니다. 그 결과 나사가 원인이었음을 알았기 때문에 어느 기술자가 어떤 상태로 어떻게 조립을 했는지도 알게 되었습니다.

나카노 착화하지 않은 보조엔진이 있었기 때문에 가능한 일이었군요.

고다이 그렇습니다. 실물이 있었기 때문입니다. 만약에 발사되었더라면 원인을 알 수 없었을 것입니다. 보통 우주 관련 물체는 날아 올라가면 더 이상 실물을 손에 넣을 수 없게 됩니다. 따라서 사고가 났을 때는 원인조사를 합니다만, 기록이나 데이터와 같은 '상황증거'밖에 없습니다. 이 때문에 전부 유추를 해야만 합니다. 유추를 축적해서 판단하는 수밖에 없습니다. 자동차 등은 사고를 일으켰을 경우에도 차체는 남습니다. 항공기 사고도 대폭발이라면 모르겠지만 보통은 상당 부분 기체가 남습니다. 다른 것들도 대체로 다르지 않습니다. 하지만 우주에 관해서만은 실물이라는 직접 증거는 아무것도 남지 않습니다. 따라서 조립에서부터 최소한 기록은 전부 해둡니다만, 이로 인해 또 다른 비용이 들게 됩니다.

어쨌든 H-I 5호기에 대해서는 '직접증거'가 있었기 때문에 여기에서 설계, 제작, 조립, 시험 등 남아 있는 기록을 추적해서 누가 몇 월 며칠에 어떻게 조립 했는가까지 추적이 가능했던 것입니다.

나카노 대부분의 경우에 실물이 남지 않는 것은 우주개발의 특징이네요. 그래서 로켓이나 위성의 실패원인은 명확하게 밝혀지지 않는 경우가 많고, 이것이 다른 분야의 기술과 크게 다른 것이군요.

2

실패와 성공의 기술

[기술이란 무엇인가]

나카노 99년 11월에는 H-II 8호기, 이듬해 2000년 2월에는 우주과학 연구소의 M-V 4호기와 2개의 로켓발사가 연달아 실패로 끝 났습니다. 이 두 사례는 분명히 유감스런 결과였습니다만, 지 금까지 경험해 온 실패(다른 나라의 우주개발 기관도 포함하 여)와는 전혀 다른 것이었다고 생각합니다.

무슨 얘기냐 하면, 우선 M-V 4호기의 경우 실패 원인은 제1 단 모터의 이상이었습니다. 발사는 정상적이었고, 예정된 비 행경로를 비행했지만 발사 41초 후에 제1단 모터의 연소압이 떨어졌습니다. 그리고 55초 후에는 본체 흔들림이 발생해, 제 1단 연소가 종료되는 시점에서 추진 속도가 부족했기 때문에 결국은 태평양에 떨어졌습니다.

이런 사실은 지상으로 전송되어 오는 데이터를 보고 알기는 했지만, 원인 규명에 가장 크게 도움이 된 것은 탑재 카메라 였던 것 같습니다. M-V에는 로켓 위쪽에 위치하는 제2단과 제3단 연결부에 4대의 비디오카메라가 아래쪽을 향해서 부착 되어 있습니다. 이 비디오카메라 중 하나에 제1단 모터 노즐 의 화염에서 많은 이물질이 내뿜어지고 있는 모습이 찍혀 있 었습니다. 연소압이 떨어졌던 것은 이 이물질이 내뿜어진 뒤 였습니다. 또 우치노우라(内之浦)의 발사지점에서는 4호기 발사 후에 흑연 파편이 여러 개 발견되었습니다.

이러한 점들로 미루어 볼 때, 4호기의 고장 발생 원인은 제1단 모터의 노즐 슬롯에 사용된 흑연 재질이 아주 심하게 파손된 것으로 추정하였습니다. 추정이라고는 해도, 거의 확실한 사실이었습니다.

이는 고장 발생으로부터 겨우 2, 3일 사이에 내려진 판단입니다. 여기서 제가 주목한 것은, 기체가 손실되었으면서도 이 정도로 신속하게 원인이 규명된 사례는 과거에도 거의 없는 사례가 아닐까 하는 부분입니다. 로켓에 탑재되어 있던 비디오카메라 영상이 크게 도움이 된 것입니다.

또 하나는 우주개발사업단의 H-II 8호기입니다. 오가사와라 제도 앞바다에 가라앉은 엔진을 결국에는 인양했습니다. 로켓도 위성도, 발사한 후에 사고가 발생하면 대부분은 바다에 가라앉아 버리는데, 인양에 성공한 예는 거의 없지 않을까 싶습니다.

고다이 회수된 사례가 없는 것은 아닙니다만, 아주 소수에 불과합니다. 거의 없다고 해도 좋을 정도죠. 발사 직후 멀리 날아가기 전에 큰 사고가 일어나야 하고, 그 사고 지역이 얕은 바다의 경우에만 한정이 되기 때문이죠.

나카노 그렇군요. 스페이스셔틀 챌린저는 회수되었는데 멀리까지 수심이 얕은 플로리다 앞바다였고, 가라앉은 깊이도 고작 40미터 정도였던 것이 행운이었죠. 하지만 챌린저 같은 경우는 예외적인 케이스이고 일반적으로는 회수되지 않습니다. 불가능하다고 인식되어 있죠. 용케도 그것을 인양하겠다고 생각했네요.

고다이 반드시 인양해야겠다고 생각했기 때문입니다. 아니, 보다 정확하게 말하자면 처음에는 가능하다고 생각했습니다. 사고 후에 바로 이사회 방에서 간부회의가 소집되었습니다. 여기서 저는 사이토 이사에게 "지도 같은 건 없을까요? 무엇이든 좋으니까 갖다주세요"라고 했습니다. 로켓의 낙하 해역은 레이더를 가지고 정확하게 파악하고 있었습니다만, 급작스럽게 소집되었기 때문에 상세한 해도 같은 것은 준비되어 있지 않았습니다. 그랬더니 사이토 이사가 중등학교 지도책 같은 것을 찾아 주었습니다.

나카노 중등학교…. 중학생용 지도책 말씀인가요?

고다이 그렇습니다. 바다 수심이 얕은 곳은 밝은 하늘색, 수심이 깊어질수록 짙은 색으로 되어 있는 책이죠. 이 책을 봤는데 낙하지점 해역은 깊이가 1000미터도 되지 않았습니다. 색 구분으로는 수심이 400미터 정도로 나와 있었어요. 수 천 미터 심해에 솟아 오른 산맥, 그러니까 해령(海嶺)이어서 수심이 얕았던 거죠. 그래서 '이 정도라면 가능하다'고 생각했던 것입니다. 그래서 다음날 아침으로 기억하는데요, 당시 우치다 이사장에게 "어쩌면 회수가 가능하지 않을까요?"라고 했던 것입니다. 그랬더니 우치다 이사장이 "그래요? 그럼 바로 진행하죠!"라고 해서 해양과학기술센터에 전화를 했습니다.

나카노 누구에게 전화를 하셨던 거죠?

고다이 해양과학기술센터의 히라노 다쿠야 이사장입니다. 그 쪽에서 바로 "조금만 기다려 달라"고 답변이 오더군요. 그러더니, 5~10분 정도 후에 전화가 와서는 "그쪽 해역은 거의 측량이 이루어지지 않았기 때문에 마침 배가 조사를 나갈 예정이고, 곧 출항이 있을 것"이라는 소식을 전해 왔습니다. 원래는 그 해상에서 다른 연구조사를 할 예정이었는데, 엔진을 수색하기 위해 연구조사는 일단 연기하기로 하였던 것입니다. 상당히 미안했지만, 아무튼 바로 이야기가 통했기 때문에 곧바로 수색 계획을 실행에 옮길 수 있었습니다.

나카노 하지만 실제로는 엔진이 발견된 것은 3000미터 해저였죠. 그런데 중등학교 지도책을 보면 1000미터보다 얕은 대략 400

H-II 8호기의 엔진은 해저 2917미터의 뻘에서 인양되었다

미터 정도라고 되어 있었던 거군요. 해양과학기술센터에서도 조사를 실시하지 않은 해역이니까 당연하다고 하더라도, 상당히 엄청난 오차였네요.

고다이 맞습니다. 하지만 결과적으로는 참 다행인 오차였지요. 결국 이쪽에서도 서둘러 자료수집에 들어가 해도 등을 입수했습니다. 하지만 조금씩 자세한 해도를 입수하게 될 때마다 수치의 범위가 넓어져 갔습니다. 그러다가 '400~2000미터'라는 수치를 본 순간 "아! 이거 낭패다"라고 생각했습니다. 어쩌면 2000미터일 수도 있으니까 말이지요. 하지만 수색 계획은 이미 실행되고 있었습니다.

나카노 처음부터 자세한 지도책이 있었다면 그렇게 되지 않았을지도 모르겠군요. 게다가 3000미터라는 수치가 나왔더라면 더욱 그랬겠지요. 그때까지 그 근방 해역의 조사가 제대로 실시되지 않은 것과 부정확했던 중등학교 지도책이 행운을 가져다준 것이군요.

고다이 깊이를 알았다면 포기했을지도 모르죠.

나카노 그런데 해양과학기술센터는 이 일 덕분에 체면이 섰습니다. 결과적으로는 쾌거를 올린 셈이죠. 결국 세계적으로도 전례가 없는 큰 사업을 달성했다고 해서 사회적으로도 아주 높은 평가를 받았습니다. 물론 우주개발사업단 입장에서도 불가능할 것이라고 생각했던 엔진을 회수할 수 있었으므로 만세를 부르는 심정이었겠네요.?

고다이 네. 실제로 만세를 불렀습니다. 하지만 낙하점의 추정은 생각보다 어려웠습니다. 처음에는 일단 기체가 한 덩어리로 해면에 충돌했다고 생각했습니다. 이 예측에 따라 탐색했을 때는 발견되지 않았습니다만, 공중 분해되어 무거운 것과 가벼운 것이 따로따로 떨어진 상황으로 계산했더니 정확하게 들어맞았습니다.

나카노 외부에서 봤을 때, 과학기술청의 특수 법인들끼리 연계 플레이를 훌륭하게 해냈다는 인상을 받았습니다. 종적 관계가 주를 이루는 관공서에서 횡적으로 연계한 것이 결과적으로 좋았던 거죠. 물론 해양과학기술센터의 역할이 크지 않았을까 생각합니다. 그렇다고 하더라도 관공서 냄새가 많이 난다고 할까, 관료적인 분위기가 강한 우주개발사업단으로서는 정말로 발 빠른 움직임이었습니다. 항상 이렇게 움직여 준다면 훨씬 더 여론의 성원을 받을 수 있으리라고 생각합니다.

어쨌든 관공서의 종적 구조에 구속되지 않는, 이러한 횡적인 연계 플레이는 국가의 연구기관이 독립행정법인으로 되어가는 가운데 아주 좋은 모범이 되었습니다. 독립행정법인이 되면 지금과는 달리 스스로의 연구와 구상을 사회에 어필하며 적극적인 움직임을 보여야만 하기 때문에, 이런 사례처럼 서로 협력해서 발전해 나갔으면 하는 바람입니다.

그건 그렇고, '심도 400미터'라고 잘못 생각한 부분이 있었다 해도 용케도 오가사와라 앞바다에 가라앉은 엔진을 인양할 생각을 하셨네요. 어떻게 그런 생각을 하시게 된 겁니까?

고다이 물론 원인을 알아내고 싶었기 때문입니다. 이를 위해서는 어떻게 해서든 실물을 손에 넣고 싶었습니다. 세계적으로도 로켓이나 인공위성의 사고 원인은 언제나 유추에 머물고 있으니까요.

나카노　그런 모습은 그동안의 일본에서는 없었던 것이지요?

고다이　아닙니다. 이번 엔진 회수 만큼의 규모는 아니지만 실제로는 이전에도 해저에서 인양을 시도한 적이 있었습니다. 그 때도 제가 발사책임자를 맡고 있었습니다만, 96년 2월에 J-I 로켓 1호기로 하이플렉스(HYFLEX, 극초음속비행실험기)를 발사했죠. 작은 날개가 살짝 붙은 펭귄 같은 모양을 한 녀석입니다. 하이플렉스는 고도 110킬로미터로 발사된 후에 낙하하면서 대기권에 들어가 공중을 활공하면서 데이터를 수집합니다. 그리고 낙하산을 타고 바다에 착수한 후 플로트를 이용해 잠깐 동안 바다에 떠 있었습니다. 그 지점도 역시 오가사와라 제도의 지치지마(父島) 앞바다였습니다.

이 때 하이플렉스에서 송신되어 오는 데이터로 착수 지점을 파악하고 있었습니다. 그래서 상공에서의 데이터 수신을 위해서 비행하고 있던 관측기가 착수지점에 갔더니 해상이랄까 해수면 바로 아래에 떠 있는 것이 보였습니다. 촬영된 사진에는 하얗게 가늘고 긴 것이 찍혀 있었습니다.

나카노　하지만 하이플렉스는 결국은 가라앉아 버렸지요.

고다이　그렇습니다. 회수선이 가까이 있다고 하더라도 속도가 느려서 실제로 현장에 도착하기까지는 몇 시간씩 걸립니다. 그래서 도착했을 때는 찾을 수 없었지요. 낙하 지점이 명백했기 때문에 해류가 있더라도 해저에 가라앉은 장소는 확실하다고 생각했습니다. 비행 중 데이터는 거의 수집했다고 하더라도 실물을 손에 넣으면 더욱 더 좋습니다. 이런 상황에서 해양과학기술센터에 연락을 해서 "이런 것을 찾을 수 있을까요? 회수 가능하겠습니까?"라고 문의를 한 것입니다. 거기는 선박을 많이 보유하고 다양하게 해상 조사를 많이 하니까요. 그랬더니 그 쪽에서 "지금 막 그 지역으로 해역 조사 나가는 배가 있으니까 돌아올 때 탐색을 시키겠다"는 답이 왔습니다. 저도 대규모 수색은 하지 않아도 괜찮으니까, 무리는 하지 말아 달라고 부탁했습니다.

건져야 할 실물의 크기가 작기도 했고, 가라앉은 곳이 태평양의 평탄한 해저에 깊이도 5000미터나 되어 수중음파 탐지기로 검색했지만 찾을 수가 없었습니다. 그런데 잠시나마 하이플렉스를 띄워주었던 플로트와 하이플랙스를 연결했던 로프가 떠 있었습니다. 끊어진 상태였던 것이나마 회수할 수 있었습니다.

나카노 하이플렉스 기체의 모서리를 스치는 바람에 로프가 잘려 나갔다고 들었습니다. 그거 참 유감이네요. 로프가 좀 더 튼튼한 것이었다면 기체까지 회수할 수 있는 가능성이 있었을 텐데요.

고다이 회수하지 못했다고 해서 성과가 0점이 되어 버리는 것은 아닙니다. 대기권에 들어갈 때의 공력 가열이라던가 활공 시의 공력 특성 등 필요한 데이터는 모두 하이플렉스에서 텔레미터로 받아 냈기 때문에 80점 이상은 확보한 상태였습니다.

나카노 데이터는 얻을 수 있었다 해도 실물이 있는 것과 없는 것과는 전혀 다르다고 봅니다.

고다이 그렇지만 해저에 가라앉은 알루미늄 재질의 기체와 스펀지로 되어 있는 내열재도 모두 변질되어 버리니까요.

나카노 그래도 회수했으면 좋았을 텐데요. ICBM(대륙간 탄도미사일)이나 스페이스셔틀처럼 지상에서 우주로 나갔다가 다시 대기권에 재돌입해서 지상으로 돌아오는 로켓이나 기상체의 개발 경험이 적은 일본에서는 실물을 조사하고 싶은 연구자가 많다고 봅니다. 저도 재돌입 후에는 표면이 시커멓게 탄다는 얘기를 들었습니다만, 과연 어느 정도로 타 버리는지 꼭 보고 싶었습니다.

그런데요, 하이플렉스는 정말로 로프가 끊어져서 가라앉은 걸까요? 다른 나라가 가져갔다고 생각할 수는 없나요? 관측기에서는 그럴듯한 것이 보였는데, 회수선이 갔더니 없어졌다는 것은 조금 부자연스러운 느낌이 듭니다만.

고다이 저도 모든 경우의 수를 생각하는 성격이기 때문에, 증거는 별도로 치더라도 '혹시 다른 나라가 훔쳐간 게 아닐까'라고도 생각했습니다.

나카노 좀 오래전 이야기입니다만, H-I 로켓을 발사했을 때는 아직 냉전구도가 계속되고 있던 때였습니다. 그때는 H-I 발사점이 있는 다네가시마(種子島)의 다케사키(竹崎) 발사장 앞바다에 때때로 국적불명의 어선 같은 것들이 드나들었습니다. 발사장 동쪽은 태평양이고, 로켓은 발사되면 곧 동쪽으로 코스를 잡습니다. 여기서 만일의 경우에 대비해서, 코스 아래 해상은 폭 10킬로미터에 걸쳐서 경계구역으로 지정되고, 발사 한 시간쯤 전에 경계선이 미리 나와서 이 해역에 있는 어선 등에게 대피할 것을 알립니다. 그런데 어선이 대피하고 경계선도 없어졌을 즈음에 아주 먼 바다 위에 어선 같은 것들이 나타나는 일이 빈번하게 있었다고 합니다. 어떤 나라의 배가 '시찰'을 왔던 것 같습니다.

우주개발은 그 나라의 첨단기술을 투입하기 때문에 다른 나라 입장에서는 훔쳐보고 싶어지는 것이 당연한 일이지요. 하물며 발사가 실패해서 페이로드(payload: 화물)가 바다 위로 떨어져 버리면 그건 그야말로 '하늘에서 떨어진 수확물'입니다. 그걸 건져서 조사하면 그 나라의 기술 동향을 알 수 있으니까 회수하지 않을 리가 없는 거죠.

고다이 어느 나라나 다 그렇습니다. 조사선 같은 것을 내보내지요. 만약 냉전시대였다면 물에 떨어진 하이플렉스의 기체는 틀림없이 '획득해야 할' 것이었겠죠. 냉전시대에는 미국이 무언가를 쏘아 올릴 때에는 발사장 부근 해역에 소련 어선 같은 배들이 엄청나게 모이기 때문에 이를 저지하기 위해서 미국 군함이 출동하기도 했습니다.

우주개발 초기 무렵 이야기인데요, 미국은 위성으로 지상사진을 촬영하면 그 필름을 캡슐로 떨어뜨려서 이것을 해상에서 회수했습니다. 당연히 '회수하는가 빼앗기는가'의 상황이

벌어집니다. 그래서 이것을 확실하게 회수하기 위해서 '에어 캐치(air catch)'라는 방법까지 고안했습니다. 위성에서 지상으로 방출된 캡슐은 도중에 낙하산을 타고 내려오는데, 이것을 비행기에서 와이어를 뻗어 회수하는 방식입니다. 그랬더니 이번에는 이것을 먼저 회수하려고 하는 다른 나라 비행기까지 나타났지요.

경쟁이 치열했던 것은 위성만이 아닙니다. 옛날 소련의 신형 잠수함이 사고로 침몰해서 이것을 미국이 해저에서 인양하려고 한 적이 있었습니다. 보도에서는 와이어가 끊어져서 인양할 수 없었다고 나왔는데요, 저는 실제로는 인양했을 것이라 봅니다. 최신예 기체와 함선, 거기에 투입된 최신 기술은 어떻게 해서라도 획득하고 싶을 것입니다.

나카노 같은 사례는 방위청 항공자위대에도 있습니다. 신형 비행기의 테스트나 새로 개발한 탑재기기의 시험 등은 노토반도(能登半島) 먼 바다의 'G영역'이라고 불리는 공역(空域)에서 실시합니다. 하지만 이 부근 바다에는 국적불명의 어선이 빈번하게 나타난다고 합니다. 이러한 경우, 자위대기는 실험을 중지하고 기지로 돌아오는데요, 특별히 드문 일도 아니라고 합니다. 이런 것을 종합해보면 실제로 냉전구조가 붕괴했다고 해도 기술 쟁탈 전쟁은 엄연히 존재한다고 봐야하겠지요.

고다이 그 부분은 '상식'이라고 생각합니다. 일본에서는 우주개발에 한정된 얘기가 아니더라도 그런 상식이 조금 부족합니다. 말씀하신 부분이 조금….

나카노 명백한 '평화 속의 나태함'입니다. '평화 속의 나태함'이라고 하면 바로 군비 등 일본헌법 9조 이야기가 됩니다만, 과학과 기술을 둘러싼 국가 간의 공방은 확실히 존재합니다. 일본에 서는 이러한 것들이 거의 이해되고 있지 못합니다. 일본인은 경제에 관한 화제에 대해서는 열심이지만, 그 바탕이 되는 과 학이나 기술에 관해서는 거의 관심이 없다고 할까, 중요하다 고 느껴도 자신들과 관계없는 일처럼 취급합니다. 다른 선진 국과 비교해 보면 과학과 기술에 대한 인식에 상당한 온도차 가 있는 것 같습니다. 특히 우주개발과 같은 최첨단 분야에서 는 이것이 현저할지도 모르겠습니다. 최근에는 미국에서 일 본인 연구자에 의한 유전자산업 스파이 의혹 사건도 있었죠.

고다이 일반적으로 사람들은 악의를 가진 행동이나 방해공작 등은 거의 없다고 생각하는 것 같습니다. 아니, 없다고 생각한다기 보다는 아예 그런 생각을 하지도 않지요.

나카노 그것은 확실히 안보적 문제가 있습니다. 우주개발 단계에서 는 다양한 전파가 사용되는데, 이들에 대한 관리는 어떻게 되 어 있지요? 예를 들면 로켓 발사가 실패했을 때는 '지령파괴' 라는 수단을 취합니다. 이 지령파괴를 할 때의 신호 주파수를 빼앗기게 되면, 이는 방해에 그치지 않기 때문에 극히 위험합 니다. 이런 부분에 대한 대책은 어떻습니까?

고다이 좀 쉽게 생각하는 경향이 있습니다. 한 예로, 제가 사업단에 막 입사했을 때인데요, 인공위성에 사용되고 있는 전파의 몇 채널, 몇 십 몇 채널 등을 상세하게 기록한 종이가 보통 방안에 놓인 상태로 놓여 있었거든요.

나카이 암호표가 공개되어 있는 셈이었군요.

고다이 아는 사람이 보면 그것이 무엇인지는 바로 알 수 있습니다. 방해할 마음이 있다면 얼마든지 방해 가능하다고 생각했습니다. 다네가시마의 우주센터도 너무 개방적이었습니다. '오픈'이라는 어감은 좋지만 보안체제가 없었습니다. 물론 안전을 위한 출입금지 펜스는 있었습니다. 그래서 센터 입구에 게이트를 몇 군데 설치 하라던가 중요한 곳에는 담장이 있지만 너무 낮고, 센터 주위에도 센서를 설치하라고 했습니다. 하지만 한편으로는 '게이트를 설치하면 어부들이 다닐 수 없게 되므로 마을의 협조를 얻을 수 없다'는 등 말이 많았습니다. 저는 다네가시마에 갈 때 마다 '개방적인 것과 보안시설이 없는 것과는 다른 차원의 문제다'라고 말했습니다만, 최근에는 많이 좋아졌더군요. 하지만 당시에는 이해를 얻어내지 못했습니다. '말 많은 상사가 또 한 사람 늘었다'고 생각했겠죠.

나카노 요즘 말하는 정보공개와 같은 논리이군요. 부정이 발생하지 않도록 정보공개를 하는 것은 바람직하지만, 국익과 관련되는 기술적인 부분까지 공개하라는 것은 잘못이죠. 이것은 국가의 연구뿐만 아니라 민간영역도 같다고 할 수 있어요. 공개할 수 있는 것과 공개가 불가능한 것이 있습니다.

고다이 우주개발 관련 사고나 고장이 있었을 때가 그렇습니다. 민간에서는 싫어할 테지만 당연한 일이지요.

나카노 우주개발위원회의 기술평가부회에 위성 등의 고장발생 부분을 상세한 도표로 해서 제출해야 하니까요. 그러나 기술적인 평가나 검토를 하기 위해서는 상세한 도표가 없으면 알기 어렵고, 작업이 진척되지 않는 것은 사실입니다. 다만 회의는 공개로 진행이 되니까, 여기에 제출하는 자료는 내용이나 배포를 조금 제한해야 할 겁니다. 지금은 회의실 입구에 방청자용으로 자료가 준비되어 누구라도 손에 넣을 수 있습니다. 자료만 받고 가 버리는 사람도 꽤 있습니다.

고다이 그런 자료는 내용에 따라서는 상당한 재산입니다. 위성이나 로켓 개발에 관한 노하우까지 나와 있으니까요. 저는 사고나 고장에 대해서 우주개발사업단이 조사를 하고 정리를 해도 그 상세한 내용을 전부 공개할 필요는 없다고 생각합니다. '요약본'을 만들어서 그것을 공개하면 되는 겁니다. 각 부위의 사이즈와 재질까지 기입한 상세 도면 등은 상당히 세세한 부분까지 아는 사람이랄까, 평가 작업에 직접 관여하는 일부 전문가들에게만 한정해야 한다고 생각합니다. 언론매체에는 필요한 부분, 요청한 부분에 대해서만 OHP(오버 헤드 프로젝터)를 사용해 설명하는 등의 방법도 있겠죠. 하지만 그런 전문적인 OHP 데이터도 모두 배포하라고 하는 언론매체도 있어서 곤란한 부분이 있습니다.

미국도 전부 공개하지는 않습니다. 예를 들면 스페이스셔틀 등에 대해서는 처음에는 고장에 대해서 이것저것 발표했습니다만, 요즘은 발표하지 않습니다. 일반적으로 로켓이나 인공위성의 고장에 대한 조사는 발표하지 않습니다. 일본의 고장 보고서가 훌륭하다고 구미 국가들이 칭찬을 합니다만, '왜 그렇게까지 하는 거지?'라는 의미도 포함되어 있는 것입니다.

나카노 세금으로 개발이나 조사가 이루어지므로 국익을 생각하지 않으면 안 되기 때문에 그런 부분에 대한 선 긋기가 참 어려운 부분이 있습니다. 하물며 제작을 담당하는 민간업체 입장에서는 말할 것도 없죠. 자사의 기술력, 경쟁력에 직결되는 부분이니까요.

고다이 민간업체 입장에서는 어쩔 수 없이 발표하고 있습니다. 하지만 저는 이런 종류의 데이터를 발표하는 것 자체가 잘못 아닌가 하고 생각합니다.

일본의 우주개발은 전후의 '펜슬(Pencil) 로켓'에서 출발했기 때문에, 완전한 민간의 영역입니다. 군사 부문과는 완전히 떨어져 있습니다. 학회 등에서도 옛날에는 방위청 연구자가 발표하는 기회가 있었습니다만, 지금은 없습니다. 방위청 사람이 발표하는 일은 있을 수 없는 일이며, 들으러 와서도 안 된다는 고지식한 생각을 하는 그룹이 있기 때문입니다. 이 때문에 방위청 쪽에서도 화가 나서 더 이상 참가하지 않게 되었습니다. 잘못된 얘기지만, 연구자들끼리도 그럴 정도입니다. 저도 오랜 동안 로켓에 관한 일을 하고 있습니다만, 군사 부분에 대해서는 알지 못합니다.

하지만 민간업체와는 연결을 가지고 있습니다. 일본의 우주개발은 형식상으로 민간과 군사 부분이 단절되어 있습니다만, 당연한 이야기지만 회사 차원에서는 군사 쪽과 아주 약하게나마 연결이 되어 있습니다. 따라서 사고가 났을 때 로켓이나 위성의 고장난 곳에 대해서 상세한 도면이나 사이즈, 재질에 이르기까지의 자료를 전부 공개하라는 것은 산업 경쟁력을 전부 밖으로 공개해 버린다는 의미이기 때문에 저는 찬성할 수 없습니다.

나카노 로켓 사고나 위성 고장은 자동차 사고와는 전혀 다른 문제입니다. 여기에 냉전 상태에 관계없이 현실상의 기술을 둘러싼 국가 간 공방은 있는 것이니까 민간이 싫어하는 것은 당연하겠죠. 또 아무리 일본이 '일본의 우주개발은 민간 주도'라고 해도 미약하게나마 연결되어 있는 부분에서 일본 군사기술을 일부라도 추측할 수 있는 것입니다. 그렇게 되면 민간업체에서 제출하는 자료는 중요한 정보가 되는 것이죠.

고다이 하이플렉스가 바다에 떨어졌을 때의 이야기로 돌아갑니다만, 실은 처음에 현장 상공에 도착한 비행기로부터 '무언가 선박 같은 것이 보였다'는 연락이 들어 왔습니다. 그래서 '혹시 잠수함이 아닐까'라고 생각했습니다. 한 번 더 비행하도록 했을 때는 아무 것도 발견되지 않았습니다. 그 후에 회수선이 현장에 도착했습니다만, 떠 있을 줄로만 알았던 하이플렉스는 사라지고 없었습니다.

지금에 와서는 처음에 비행기에서 보였던 '무언가 선박 같은 것'이 무엇이었는지 전혀 알 수가 없습니다. 잠수함이었을 지도 모르고, 큰 유목(流木)이었을지도 모릅니다. 하지만 그것이 계속 마음에 걸렸습니다.

H-II 8호기의 사고 후 LE-7 엔진을 찾아내서, 반드시 해저에서 인양하려고 생각한 것은 이러한 경험이 있었기 때문입니다. 그러니까 처음에 바다 깊이에 대한 추측이 틀리긴 했지만, 해양과학기술센터가 협력해 줄 것으로 생각했고, 이번에는 무슨 일이 있더라도 인양하려고 생각했던 것입니다.

나카노 8호기의 사고 발생 후 곧 우주개발위원회에 '우주개발체제의 재정립을 위한 검토' 작업을 실시하기 위한 특별 모임이 설치되어 저도 위원이 되었습니다. 제1회 모임이 있었던 것은 99년 12월 중순경입니다만, 이 때 이미 해양과학기술센터의 조사선 가이레이가 LE-7 엔진의 일부를 발견해, 그 영상이 신문에 나왔습니다. 심의가 진행됨과 병행해서 다른 부분도 발견되었고, 인양 회수 계획도 시작되었습니다.

그리고 12월22일에 저희들은 아침부터 미쓰비시중공업 나고야 유도시스템 제작소에서 LE-7 엔진의 용접 공정을 보고 엔지니어의 이야기를 듣고 있었는데, 다 끝나고 밖으로 나갔을 때의 일을 잊을 수 없습니다. 저녁 5시 경이었고 제작소의 로비를 나갔더니 밖에는 어둠이 깔리고 있었습니다. 나고야 역으로 가는 승합차에 타려고 했을 때 오가사와라 제도의 앞바다에 있는 지원 모선 요코스카와 휴대폰으로 연락을 취하고 있던 우주개발사업단의 기획과장이 "현장은 파고 5미터라고 합니다"라고 알려 주더군요. 전장 100미터의 요코스카에게 5미터의 파고가 어느 정도 영향을 주는가에 대해서 저는 실감이 나지 않았습니다. 하지만 그런 상황에서도 바다 위에서

'디프 투(deep two)'라는 해저탐사기를 내려 보내 며칠간이나 수색을 계속하고 있다는 것을 알고 해양과학기술센터 분들의 노력에 머리가 숙여졌습니다.

LE-7의 연소실이 발견된 것은 24일 저녁이죠. 크리스마스 이브였습니다. 인터넷으로 전송 되어 온 사진, 2917미터 해저의 평탄한 모래땅 위에 방치되어 있는 LE-7을 봤을 때 저는 감격했습니다. 발견되었을 때는 어떤 기분이었습니까? 사업단에서의 반응은 어땠습니까?

고다이 저도 꽤 침착한 성격입니다만, 역시 내심 흥분했습니다. 지금까지 없었던 일이었기 때문입니다. '모래사장에서 바늘 찾기'라는 비유가 있습니다만, 그렇게 간단한 일이 아닙니다. 우주와 해양 쪽 엔지니어들의 훌륭한 협력 덕분이었습니다.

나카노 그 후로도 회수 작업이 계속되어 2주 정도만에 LE-7의 대부분이 인양 회수되었습니다. 이런 사례는 전대미문의 일입니다. 엔진의 주요부분이 발견된 것 자체가 놀라운 일이었습니다만, 솔직하게 말해 그렇게 큰 연소실이나 노즐 스커트 등 전부를 인양하는 것이 무리일지도 모른다고 생각했습니다. 기술평가부회의의 조사재료도 발사 시의 데이터와 먼저 회수된 배관부분, 거기에 '딥 투(deep two)'로 촬영한 영상으로 가게 되지 않을까 하고 다소 체념하고 있었습니다.

그러나 발견된 것은 거의 전부가 인양되었습니다. 1월 하순에 요코스카 항에 들어 온 요코스카에서 LE-7이 육지로 내려져, 미타카(三鷹)의 항공우주기술연구소로 운반되어 왔을 때, 저는 날아갈듯 달려갔습니다. 트럭에서 내려져 물로 모래를 씻어 낸 터보 펌프 등을 보고 '이것은 보고(寶庫)'라고 생각했습니다.

고다이 정말 보물선을 건져낸 것이죠. 그때까지는 데이터를 근거로 여러 가지 추정을 하고 있었습니다만, 어느 한 부분이 원인이라고 해도 그 이상은 좁혀 나갈 수 없었거든요. 논리적으로도 문제가 있었기 때문에 문제 해결을 위한 포인트로는 정할 수가 없었습니다. 그랬던 것이 인양을 하고나니 진짜 원인을 알게 된 거죠. 인양한 실물과 대면했을 때 액체수소 터보 펌프의 인듀서에 눈이 갔습니다. 많은 전문가들이 예상했던 원인과는 꽤 벗어나 있었습니다. 이렇게 기술적으로 어려운 사고를 깔끔하게 해결한 것은 세계적으로도 처음일 것입니다.

나카노 실물이 없으면 그 후의 개량도 극단적인 표현을 쓰자면 '손으로 더듬어서' 찾아야 합니다. 고름을 짜내고 싶어도 고름이 있는 장소를 알 수가 없기 때문이죠. 그래서 다른 나라들도 개발 초기에는 실패를 되풀이 해, '욕조 곡선(Bathtub Curve)'를 그려 왔던 것입니다.

하지만 일본은 마침내 실물을 손에 넣었습니다. 이 실물을 철저히 조사하면 알아 낼 수 있는 것이 많이 있으리라 봅니다. 확실히 물고 늘어져야 합니다. 이런 의미에서는 8호기는 실패했지만, 일본의 우주개발기술에 있어서는 아주 큰 것을 손에 넣은 것이 아닐까 싶습니다. 실패의 결과를 이렇게 표현하는 것이 좀 이상합니다만, 저는 이번 엔진 회수가 일본의 우주개발 역사에 있어서는 '대성공'이었다고 생각합니다.

고다이 해저에서 끌어 올린 엔진의 잔해를 누구나 언제라도 볼 수 있도록, 또 '기술 반성의 표본'으로 삼아 얼마나 엔진이 복잡하고 개발이 어려웠는지를 알리기 위해서 전시하기로 했습니다. 쓰쿠바우주센터 한 가운데 공개 전시를 하고 있는데요, 단 한 가지, 제조기술이 해외로 유출될까 두려운 것이 마음에 걸립니다

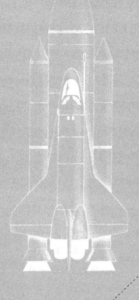

3

개발과 리스크

[현실을 직시하다]

나카노 일본에서 대형로켓 다시 말해서 H-II를 개발할 때, 반드시 엔진은 산화제에 액체산소, 연료에 액체수소를 사용하는 '액산액수(液酸液水) 로켓'이 아니면 안 될 이유가 있나요?

고다이 역시 효율을 최우선으로 생각하지 않으면 안 됩니다. '성능'이라고 하면 아주 막연한 표현이 되어 버리기 때문에, '연비가 좋다'는 표현이 알기 쉬울 것 같은데요 바로 이것이 액화수소를 연료로 한 로켓입니다. 연구된 것 중에는 이보다 나은 조합도 없는 것은 아닙니다. 예를 들면 액체산소 대신에 불소를 사용하는 것이죠. 하지만 무서운 독성이 있기 때문에 연료나 산화제의 입수 문제, 독성 문제 등 여러 가지 조건을 생각하면 산소 · 수소 같은 조합밖에 없다고 해도 되겠죠. 무엇보다 깨끗하니까요.

나카노 하지만 액산액수 기술은 대단히 어려운 것입니다. 제1단 로켓의 엔진에 액체산소와 액체수소를 사용하는 것은 지금까지 스페이스셔틀과 H-II, 그리고 최근 아리안 V 가 겨우 개발에 성공한 상태입니다. 일본은 H-II에서 순식간에 높은 레벨에 도전한 거죠. '왜 아리안4L 시리즈처럼 평범한 액체연료부터 개발을 시작하지 않았는가'라는 목소리도 있습니다. 너무 무리한 것은 아니었을까요?

고다이 일본은 평범한 액체연료 기술조차 가지고 있지 않았습니다. 역사적 경위부터 말하면, 전쟁 중에는 산소 어뢰나 로켓전투기 슈스이(秋水)의 개발로 액체산소와 다른 액체연료를 배합한 엔진기술은 갖고 있었습니다만, 패전 후 연구 금지령으로 인한 공백 때문에 완전히 단절되었습니다. 물론 그 기술이라는 것도 추진력이 겨우 1톤 정도 밖에 안 되는 작은 것이었습니다. 100톤 수준의 대형은 고사하고 50~60톤의 소형 로켓에도 못 미치는 수준이었지요. 그나마도 그런 부류의 연구도 일체 금지되어 있었으므로 일본에서는 전후 액체로켓 엔진 기술이 없었습니다.

그 후 미국에서 델타 로켓을 기술 도입할 때 액체 산소와 케로신 연료로 이루어진 평범한 엔진기술이 들어 왔습니다.

그 후 일본에서 자력으로 개발을 시작했을 때, 그런 기존형 엔진으로 갈 것인가 말 것인가에 대한 논의가 있었습니다. 하지만 기존형으로 간다면 이제 와서 개발할 것은 없다, 미국의 기술을 사용하면 된다, 그러나 일본에서 제로 베이스에서 출발한다면 차세대형을 개발하는 것이 좋을 것이다. 그렇게 해서 액체산소와 액체수소의 조합이 되었던 것입니다.

처음에는 해낼 수 있을지 몹시 두렵기도 했습니다. 하지만 기술자로서는 '할 수 있다'는 확신이 있었습니다. 선행연구가 많이 있었기 때문이지요. 항공우주기술연구소의 가쿠타(角田) 지소에서 추진력 500킬로그램~1톤 정도의 작은 것이었습니다만, 연구는 되어 있었습니다. 원리상으로는 대형과 똑같기 때문에 이것을 발전시키면 된다는 판단을 했습니다. 다양한 계산을 해야 하고, 기초연구에서 연소 실험까지를 포함하면 상당한 시간이 걸리겠지만 그래도 할 수 있다는 확신이 있었습니다. 항공우주기술연구소만큼 대규모는 아니지만 우주과학연구소에서도 비슷한 연구가 진행되는 등 어느 정도의 연구는 일본 국내에도 있었습니다.

나카노 그렇다면 다시 기존형 쪽으로 기술 개발을 할 필요가 없었던 것이군요. 하지만 러시아의 프로톤 로켓도 아리안4L도 히드라진(hydrazine)과 사산화이질소라는 아주 단순하다고 할까, 그저 섞기만 해도 연소되는 간단한 액체연료를 사용하고 있잖습니까? 연소가스도 독성이 강하다고 들었습니다만 왜 그런 연료엔진을 고집했던 것일까요?

고다이 사산화이질소와 하이드로진은 붉은 연기가 자욱하게 나오는 게 좀 무섭지요. 아마 불임의 원인이 되기도 할 겁니다.

나카노 아, 그런 문제가 있군요.

고다이 저는 경험해 본적이 없어서 확실하지는 않습니다.

나카노 그런데 그렇게 다루기 곤란한 것들을 왜 러시아나 아리안은 고집하고 있는 걸까요?

고다이 신규로 기술을 개발했다기보다는 기술을 가지고 있으니까 그것을 개발시켰던 것입니다. 그러니까 일본도 액체산소 · 케로신이라든가 히드라진과 사산화이질소 기술을 가지고 있었다면 우선은 그것을 중심으로 개발했겠죠.

하지만 히드라진과 사산화이질소는 원래 미사일 연료입니다.

상온에서 언제든 저장할 수 있기 때문에 고체로켓처럼 언제든지 발사할 수 있습니다. '즉시발사성'이 있는 것이죠. 하지만 일본에는 이러한 군비가 없었고 개발할 생각도 없었습니다. 개발을 한다고 하면 액체산소·케로신이나 액체산소·액체수소와 같은 조합 말고는 선택의 여지가 없었습니다.

나카노   하지만 그 가운데서도 어려운 쪽인 액체산소·액체수소를 선택하고, '2단 연소 사이클'이라는 스페이스셔틀의 메인 엔진 정도에 밖에 채용되지 않은 아주 고도의 연소방식을 도입한 것은 어떤 의미에서는 기술우선형이었네요.

고다이   액체산소·액체수소를 선택한 것은 틀리지 않았습니다. 좋았다고 생각합니다. 거기에다 연소 사이클은 2단 연소라는 가장 고급스러운 방법, 가장 고도의 방법을 채용했습니다. 그러나 느닷없이 그렇게 결정한 것은 아닙니다. 엔진개발이라는 것은 당연한 말이지만 다른 개발에 선행해서 진행합니다. H-II에서 사용될 엔진도 조금 전에 말한 항공우주기술연구소에서 선행연구를 하고 있었습니다. 그것도 2단 연소 사이클로 진행하고 있었죠.

연소방식에는 또 하나 '가스발생기 사이클'이라는 방법이 있는데, 이 방식도 괜찮지 않느냐는 의견도 있었습니다. 하지만 방금 전 나카노 씨가 말씀하셨듯이 기술우선형으로 진행되었습니다. 장래 발전성이 대단히 뛰어났거든요.

나카노   너무 무리해서 목표를 잡았던 것은 아니었나요?

고다이   제가 전체 시스템을 담당하게 되었을 때 국산으로 간다면 액체산소·액체수소로 가기로 했습니다. 확실히 아주 큰 목표였습니다. 하지만 거기에서 얻을 수 있는 이점도 큽니다. 연소 사이클 이야기를 해보면요, 가스 발생기 사이클은 연료의 일부를 태워서 펌프 구동력으로 사용하고 그대로 버리는 방식이니까 효율이 조금 떨어집니다. 이에 비해 2단 연소 사이클은 이 가스를 한 번 더 연소시키기 때문에 연료 전량을 사용하는 효율적인 방식입니다. 그러니까 목표를 높이 잡아서 액체산소·액체수소를 채용함으로써 효율면에서 우선 100의 이점이 있다고 볼 수 있습니다. 거기에 가스발생기 사이클이라면 20의 이점, 2단 연소 사이클이라면 30이 됩니다. 여기서 2단 연소 사이클이 제안되었을 때 이것이라면 최대한의 이점을 얻을 수 있고, 마침 연구도 잘 진행되고 있었기에 승낙을 하고 이를 채용하게 되었던 것입니다.

그리고 조금 전문적이긴 하지만 그 후의 이야기가 하나 있습니다. 액체산소·액체수소와 2단 연소 사이클을 결정하고, 엔진압력에 대한 논의를 하게 되었을 때인데, 사업단에서 엔진을 담당하는 기술자나 메이커 사람들에게서 연소압력, 즉 연소실의 압력을 150으로 하고 싶다는 의견을 냈습니다.

하지만 저는 '왜 150기압으로 해야만 하느냐'고 반대했습니다. 연소실의 압력을 150으로 하면 액체산소나 액체수소가 흐르는 경로의 상류부에서 상당히 압력이 높아집니다. 가장 높은 곳은 대략 2배로, 300기압 정도가 되어 버립니다. 액체산소나 액체수소에서 300기압이라는 것은 대단히 위험한 수치입니다. 그리고 이 부분뿐이 아니라, 다른 곳에서도 조건이 엄격해 집니다. 따라서 150기압의 의견에 반대하고 '20% 정도 내려야 한다'고 주장했던 것입니다.

나카노 연소압력을 올리고 싶다는 것은 기술자 입장에서는 한 단계 도약하고 싶었던 것이겠죠?

고다이 그렇겠죠. 하지만 저는 "액체산소·액체수소와 2단 연소 사이클의 조합으로 130인 지점까지 도약했으므로, 굳이 그 정도까지 위를 바라보지 않아도 될 것 같습니다. 그러니까 압력은 20% 내립시다"라고 양보하지 않았습니다.

제1단 로켓은 힘을 배출해서 상단부를 확실히 상승시키는 것이 목적이기 때문에 튼튼함이 요구됩니다. 연소압력을 조금이라도 높여 효율을 올리는 것보다는 '확실한 것'이 중요합니다. 그래서 몇 번인가 토론 자리를 만들었는데요, 제 입장에 찬성하는 건 저와 또 한 명. 반대편은 산관학(産官學) 공동 10명 정도의 그룹이었습니다. 게다가 메이커나 사업단의 기술자, 연구자들도 모여서 반대 의견을 냈는데 저희 쪽은 미처 거기에 대응할만한 전체적인 지식을 소화해내지 못한 상태였습니다. 그리고 저도 아직 차장 직급이어서 반대쪽 사람들에게 지고 말았지요.

나카노 연소실의 압력을 150기압으로 해야겠다는 근거는 어디에 있었습니까?

고다이 스페이스셔틀의 메인 엔진입니다. 메인 엔진의 연소압력은 210기압이니까, 여기에 비하면 150기압은 훨씬 낮습니다. '그러니까 150 정도는 하고 싶다'는 주장이었습니다. 물론 셔틀 엔진과 새로운 LE-7 엔진은 구성은 닮아 있기는 합니다만, 펌프의 단수라든가 펌프에 보조적으로 압력을 가한다는 점에서는 다릅니다. 통제방식도 몇 가지 차이가 있습니다. 전체적으로 말하자면 완전히 똑같은 것을 그냥 압력만 낮춘 것은 아니라는 얘기죠. LE-7에서만 부분적으로 심해지는 곳이 있습니다. 따라서 210보다 훨씬 낮은 150기압이라고 해서 압력이나 유량에 관한 설계, 또 구조에 사용하는 재료 등이 그렇게 만만해지는 것은 아닙니다.

나카노 외부에서 보면, 적절한 표현인지는 모르겠습니다만 '일반 전철에서 단번에 고속철을 노리려는 듯한' 것이었군요.

고다이 그렇습니다. 저는 고속철은 아니고 특급열차 정도까지 하려고 했습니다. 하지만 반대 쪽 입장은 초특급 고속철이었던 것입니다.

나카노 고다이 씨는 왜 특급열차 정도로 억제하려고 생각했습니까? 셔틀 엔진 데이터와 대조해 본다든가 하여 결정한 건가요?

고다이 아니요. 그 정도로 세심하게 살핀 것은 아닙니다. 제가 액체 엔진 전문가는 아니니까요. 아마도 '감지니어링'이었다고 생각합니다. 엔지니어링이 아니라 '감(感)지니어링'이죠.

연소실의 압력을 20% 떨어뜨리면 상류부의 최고압도 당연히 20% 떨어지게 됩니다. 이렇게 되면 어떤 부분에서는 이것의 제곱으로 효과가 나타나지 않을까? 그런 곳이 있을 것이다 생각했습니다. 대수(對數) 눈금으로 예를 들면, 어떤 곳에서는 곡선이 쭉 올라갑니다. 하지만 아주 조금 수치를 내리면 곡선은 완만해지겠죠. 그 지점을 사용하면 좋지 않을까 하는 것이 저의 '감지니어링'이었습니다. 제2단 로켓이라는 건 확실히 들어 올리는 것이 임무입니다. 거기에 개인적 희망을 집어넣지 말라는 얘기였습니다.

나카노 기술우선형 개발로 벌써 두 번이나 큰 도약을 했습니다. 여기서 또 한 번 도약을 하면 그 때 생기는 리스크의 가능성이 대수의 곡선처럼 갑자기 상승해 버린다는 것이군요. 하지만 결국은 150기압이 되지 않습니까?

고다이 그러고나서 저는 프로그램 매니저가 되었는데요, 어쩔 수 없이 '2단 연소 사이클에서는 150기압도 적정하다'는 궁색한 설명을 해야만 했습니다. 이 같은 와중에 실제 개발이 시작되었습니다. 개발이 시작되면 여러 가지 많은 문제점들이 나타나기 마련입니다.

결국, 제가 1년 반 정도 개발의 최전선에서 물러나 전체 관리를 하는 계획관리부장을 하고 있을 때였는데요, 기술자 한 사람이 저를 찾아 왔습니다. 기압을 조금 내리고 싶다더군요. "지난번에는 150이라고 했지만 역시 힘들다, 여러 곳의 문제점을 줄이기 위해서는 압력을 줄이는 편이 가장 좋을 것 같다"고 저를 찾아 온 것입니다. 그래서 가능하면 20%, 적어도 10%는 내려야 한다고 해서 135기압으로 결정했습니다. 압력을 10% 내림으로써 열이나 파워도 훨씬 더 여유가 생기게 되었습니다.

나카노 고다이 씨가 처음 '20% 저감'이라는 수치를 낸 것은 '감지니 어링'이라기보다는 역시 엔지니어링 측면에서 이치에 맞았던 것이 아닐까요?

고다이 상세하게 계산을 했다면 맞았을지도 모릅니다. 이 문제는 그 사람들 입장에서도 계산 상 가능하게 나올 것이라는 예측도 조금 있었을 겁니다. 그리고 기술자들은 조금 전 나카노 씨가 말씀하신 기술우선형, 기술중시라는 점에서 조금이라도 고도 의 과제에 도전하고 싶은 본능이 있습니다. 하지만 역시 경험 의 문제가 있는 것이죠. 일본은 아직 경험이 부족합니다.

이 부분이 제가 여실히 느끼고 있는 것입니다만, 이학(理學) 과 공학을 비교하면, 이학이란 학문은 사물을 철저히 규명하 지 않으면 안 되지요. 이에 비해 공학이란 학문은 사물을 정 리하지 않으면 안 됩니다. 그런데 사물이라는 것은 전부가 이 치에 딱 맞게 만들어져 있는 것은 아닙니다. 예를 들면 무언 가를 만들 때, 모서리의 원만한 곡률을 1밀리미터의 1R로 할 것인가, 더 각진 0.5R로 할 것인가의 문제는 설계자 개인이 나 설계회사에서 대략 정해놓은 기준에 따르는 것입니다. 그 런데 이 기준도 왜 이것이 0.5R로 되어 있는지, 유한요소법 등의 해석이나 강도시험 등 모든 것을 테스트 해보면 전부 이 치에 맞을 지도 모릅니다.

그렇지만 실제로는 그 때까지의 수많은 경험이나 공작기계의 종류, 일의 상황 등으로 자연스레 만들어진 것들입니다. 예를 들면 어떤 개발을 보더라도 '개발예산 50억 엔, 개발기간 3년'

이라고 정해져 있거나 하면 이것을 목표로 만들지 않으면 의미가 없습니다. 100년 후에는 완성된다 하더라도 의미가 없는 것이죠. 따라서 개발 도중에는 생략이랄까 타협해야 할 상황도 벌어지는 것입니다.

다시 말해서 공학이란 타협의 산물로 이루어져 있습니다. 거의 모든 사물은 그렇게 이루어져 있습니다. 그리고 목표를 어떻게 달성하는가라는 틀 속에서 나쁘게 말하면 타협, 좋게 말하면 '콤프로마이즈(compromise)'하여 사물이 만들어져 가는 것입니다. 그러니까 타협을 잘해서 결실을 이루어내는 것이 공학이라고 생각합니다.

나카노 고다이 씨의 개발 철학이군요. 저도 옛날에 기술자였습니다만, 그렇게까지 충분히 숙고하는 단계까지는 가지 못했습니다. 하지만 개발예산과 개발기간이라는 조건 아래 물건을 만들어내야만 한다는 것은 잘 알고 있습니다.

그래서 여쭙고 싶습니다만, 8호기 사고 시 LE-7 엔진 고장의 직접적 원인은 액체수소 터보펌프의 인듀서 표면에서 발생한 캐비테이션-공동(空洞)화에 있었다고 알려져 있습니다. 하지만 공동화는 액체 속에서 스크류 등이 회전할 때, 반드시 발생하는 현상입니다. 거의 피할 수 없다고 할 수 있죠. 인듀서의 설계에도 이 부분이 충분히 반영되어야 합니다. LE-7의 경우도 공동화의 발생은 충분히 예상해 반영시킨 것이었습니다. 그래서 1호기부터 6호기까지는 전혀 문제가 없었습니다. 세계 로켓개발 역사에서는 드물 정도로 신규 개발부터 6호기까지 연달아 성공했습니다.

하지만 8호기에서는(7호기 발사는 지연됨) 액체수소 터보펌프 상류압력의 약간의 변동이 계기가 되어 지금까지 없었던 격렬한 공동화를 보였다고 합니다. 그 예상 외의 움직임이 인듀서를 진동시켜 피로파괴를 일으킨 것으로 되어 있습니다.

예상 외의 상황만을 상정하고 설계해서는 범위가 점점 넓어지게 되므로 끝이 없어집니다. 그래도 어느 정도는 범위를 확대해야 합니다. 허용범위를 정해야 하는 거죠. 이 '어느 정도의 범위'를 정하는 것도 확실함을 손에 넣기 위한 '타협의 산물' 아닐까요?

고다이　기초실험을 많이 하는 것, 한계실험을 충분히 하는 것이 중요하죠. 사실 이 부분은 로켓개발 기술이나 연구의 깊이 같은 것일 수도 있습니다. 이러한 부분을 놓고 본다면 일본에서는 많은 연구를 많이 시켜줄 여유가 없습니다. 그리고 허용한계와는 조금 개념이 다른데요, 어느 단계에 가야 파손되는지를 좀처럼 알 수 없다는 것입니다. 설계단계에서는 어느 정도의 수치로 가야 하는지, '이 정도면 괜찮을 것이다'라는 식으로 합니다만, '여기까지 가면 파손된다'라는 한계를 제대로 설정할 수 없습니다. 결국 경험이 부족한 것이죠. 개발경험도 부족하고 발사경험도 부족합니다. 경험이 부족한 상황에서는 '정말 이 정도면 괜찮은지' 알 수가 없습니다.

앞으로는 그 수를 늘리는 것이 아주 중요합니다만, 수를 늘릴 수 없는 경우를 대비하기 위한 새로운 방법을 만들어 가는 것도 중요합니다. 이 방법이 완성되면 소품종 대량생산형에서 아시아 국가들에게 뒤쳐지고 있는 일본 산업을 다품종 소량 생산이라는 부가가치가 높은 쪽으로 변환시키는 데도 도움이 되겠죠. 물론 이것은 장래의 일이긴 하지만 말이죠.

나카노 하지만 H-II의 경우는 경험을 쌓기 위한 계획이 일본 정부에 의해 무산되고 말았습니다. 89년이었던가요. 미국이 강요해 온 슈퍼301조를 미쓰카(三塚) 통상산업장관이 받아 들였습니다. 그래서 슈퍼컴퓨터와 인공위성, 거기에 목재 제품 3품목이 시장개방을 했죠. 그 즈음에 일본은 통신위성과 방송위성을 개발하고 있었는데 핵심적인 부분은 모두 미국산이어서 사실 '경험을 쌓는 중'이었습니다. 이에 비해 미국은 이미 인공위성의 기본 부분은 양산하고 있었고, 신뢰성도 높았을 뿐더러 가격도 낮았습니다. 일본 메이커는 시장개방으로 큰 타격을 입었죠.

다시 말해 미국은 일본이 우주산업, 위성사업에 진출하려는 냄새를 맡고 싹을 잘라버린 것입니다. 일본정부는 일본산업을 공격해 온 미국에게 장래성 있는 위성산업을 제물로 바쳤다고도 할 수 있겠죠.

하지만 피해는 위성만이 아니었습니다. 자국에서 위성을 개발하고 그것을 발사할 생각으로 개발을 계획 중이던 H-II 로켓은 개발 도중에 발사 스케줄이 엉망진창이 되어 버렸습니다. 축적해야 할 경험의 기회를 슈퍼301조가 빼앗아 가버린 것이죠.

고다이　그렇습니다. 슈퍼301조는 인공위성 개발에는 KO펀치, 로켓 개발에는 보디블로였습니다.

나카노　이제야 그때 맞은 보디블로의 충격이 나타나고 있습니다. 하지만 새삼 놀랄 일도 아닙니다만, 미국은 당시부터 위성 비즈니스와 우주개발을 산업으로 인식하고 있었습니다. 한편 일본의 정치인은 이것을 이해하지 못했고, 인공위성 시장개방을 인정해 버렸습니다. 엄청난 일을 저지른 거죠. 이렇게 발사 기회가 적어질 수 밖에 없었던 불리한 조건 속에서의 개발이니까 더욱 어려운 것이 많았겠죠.

고다이　그렇습니다. 여러 부분에서 극한의 설계가 요구되는데 불확정요소가 너무나도 많았습니다. 경험을 축적함으로써 이러한 불확실한 부분을 해명하고 싶지만 할 수가 없는 상황이죠. 로켓과 항공기는 다릅니다. 예를 들면 여객기라면 나리타공항을 이륙해서 순항비행에 들어가 그 후 런던 히드로공항에 착륙합니다. 이륙속도로 날아 올라가면 연비, 시간, 그리고 승객의 쾌적성 등의 요소가 중요합니다만 틀림없이 목적지에 도착합니다.

하지만 로켓은 무엇보다도 먼저, 맹렬한 속도를 내지 않으면 안 됩니다. 항공기의 이륙 시 속도는 시속 300킬로미터를 조금 넘지만 로켓의 경우는 초속 8000미터, 시속으로 3만 킬로미터입니다. '제1우주속도'라고 합니다만, 지구를 1시간 30분에 일주하는 속도입니다. 발사했을 때 이 정도의 속도를 내지 않으면 다시 지상으로 돌아오게 됩니다. 상공에서 떨어지는 것이죠. 그래서는 일반적인 탄도비행에 지나지 않지요.

말로는 쉽게 초속 8000미터라고 하지만, 마하2나 마하3의 전투기도 초속으로 말하자면 1000미터가 되지 않습니다. 로켓은 일반 여객기의 20~25배의 속도를 내지 않으면 안 됩니다. 그러기 위해서는 가장 중요한 것이 구조입니다. 로켓은 얼핏 보면 튼튼하게 보입니다만, 누르면 쑥 들어갈 정도로 연약합니다. 구조체를 가능한 한 가볍게 해서 되도록 많은 추진제를 집어넣습니다. 저는 자주 로켓을 달걀이나 캔맥주에 비유해 말합니다. 달걀은 큰 것과 작은 것 등 여러 가지가 있습니다만, 무게로 따지면 노른자와 흰자가 대충 90%이고 껍질이 10%입니다. 캔맥주의 캔과 내용물인 맥주의 비율도 이것에 가까울 것입니다.

로켓에서는 노른자와 흰자 또는 맥주에 해당하는 것이 산화제와 연료입니다. 그리고 남은 10%가 그 이외 부분, 즉 달걀 껍데기나 빈 맥주캔과 같은 무게 속에 엔진은 물론 유도장치나 기체, 그리고 인공위성까지 들어 있는 것입니다. 따라서 무조건 얇은 탱크에 꽉 찰 때까지 산화제와 연료를 집어넣기 때문에 구조체로서는 엄청난 극한설계를 해야 합니다.

또 하나는 엔진입니다. 어떻게 해서든 엔진의 성능을 높이지 않으면 그렇게 빠른 속도를 낼 수가 없습니다. 왜 기술적으로 고도로 어려운 액체산소 · 액체수소 엔진으로 가는가 하면, 액체산소 · 케로신과 비교하면 시속으로 계산했을 때 50% 정도의 차이가 나기 때문입니다. 이것은 아주 매력적입니다. 로켓의 속도는 초경량 기체와 고성능 엔진에 의해 결정됩니다. 그리고 나서 공기 중을 뚫고 날아올라 가기 때문에 공기저항을 이기고 지구의 인력에 저항해서 상승하는 데에도 사용됩니다.

그래서 초속 8000미터로 지구 주위를 도는 궤도에 들어갔을 때, 비로소 인공위성이 됩니다. 여기에 초속 4000미터 정도 가속시켜 주면 적도 상공 3만 6000킬로미터의 정지궤도에 들어가 통신위성 등이 됩니다. 달에 가는 것도 대체로 이와 같은 정도의 속도가 필요합니다. 즉 8000미터+4000미터니까, 초속 1만 2000미터라는 엄청난 속도입니다.

물론 제대로 궤도를 따라 비행하게 만들려면 목표를 향한 유도를 쉬지 않고 체크해서 계속 로켓을 제어해야 합니다. 그렇게 하지 않으면 떨어져 버립니다. 비행기라면 다소 문제가 있어도 바로 떨어지지는 않죠. 어쨌든 양력으로 비행할 수가 있으니까요. 하지만 로켓은 엔진의 분출속도가 조금 낮아지거나 구조와 기술에 문제가 있으면 우주공간에 도달하기 전에 떨어져 버립니다. 따라서 엔진성능 향상과 경량화가 불가능해서 속도를 낼 수 없다면 탑재하는 인공위성을 더 작고 가볍게 해야 합니다. 현재의 로켓은 고성능이므로 낮은 궤도를 나는 인공위성 중량의 30배 정도가 로켓의 중량에 해당합니다. 260톤의 H-II로 말하자면 10톤 위성이나 우주선을 운반할 수 있으므로 그 비율은 26이라는 수치가 됩니다. 옛날 로켓은 50배나 100배의 것도 있었습니다. 지금도 러시아의 로켓처럼 튼튼한 것은 그 비율이 큽니다. 반대로 아틀라스 로켓처럼 작은 기체인데 비해서 큰 위성을 운반할 수 있는 것도 있습니다. 하지만 연약한 로켓이 되기 때문에 기술적으로는 어려워집니다.

어쨌든, 무슨 수를 쓰든 간에 초속 8000미터라는 속도를 내지 않으면 안 됩니다. 하지만 그러려면 사이즈가 엄청나게 커집니다. 그래도 무조건 초속 8000미터의 속도를 내야 합니다. 그러니까 모든 것이 한계점에 달한 것이어야 합니다만, 그래도 실제로는 무리입니다. 여기서 1단식 로켓으로는 도저히 속도를 올릴 수 없으니까 다단식이 된 것입니다. 1단 로켓에서 초속 2000미터를 벌고, 2단 째에서 또 3000미터, 그리고 3단 째에서 3000미터를 더 버는 식입니다. 릴레이처럼 바통 터치를 해나가면서 속도를 올립니다. 이러한 극한의 선에서 개발이 진행되는 것입니다.

나카노 발사장의 위도를 바꾸면 조금 쉬워질 가능성은 없을까요? 다네가시마 보다 훨씬 적도에 가까운 위치에서 발사하면 개발 조건이 완화되지 않을는지요?

고다이 그럴 겁니다. 적도에 가까우면 비행 도중에 수평으로 방향을 돌리지 않아도 되고, 지구 자전속도도 이용할 수 있으니까 15% 정도 적은 연료로도 가능합니다. 역으로 말하자면 같은 로켓이라면 더 무거운 위성도 올릴 수 있습니다. 2톤 급 로켓이라면 2.3톤은 올릴 수 있다는 말입니다. 따라서 발사에 들어가는 경비도 15% 절감할 수 있어서 이득이죠. 유럽이 남미

프랑스령 기아나의 꾸르에 발사장을 설치한 것처럼, 정지위성 최적의 포인트는 적도 부근에 있습니다.

나카노 프로톤 같은 로켓은 가령 고위도인 러시아 어딘가에서 쏘아 올리는 경우와 적도 부근에서 쏘아 올리는 경우, 연료로 치면 어느 정도나 차이가 납니까?

고다이 러시아로 생각해보면 사십 몇 퍼센트 정도일 것입니다.

나카노 엄청나군요. 그 정도의 차가 있다면 로켓의 설계나 구조 그 자체에 대해서도 조건이 완화될 테니까 발사 비용에 크게 영향을 주게 되겠군요. 수 십 억 엔 정도 차이가 나지 않을까요? 미국의 케이프 케네디도 위도는 28도에서 29도이니까 다네가시마와 거의 다름이 없죠. 미국이 적도상의 외국에 발사장을 원하지 않는 것은 군사적 이유도 있습니다만, 일본의 경우는 상황이 다르니까 앞으로는 발사장을 이전하는 것도 검토해야 하지 않을까요? 다네가시마는 H-II나 H-IIA를 발사하기에는 너무 좁습니다.

고다이 물론 좀 더 남쪽이 유리합니다. 오키나와 쪽이었으면 좋았겠지만 발사장 후보지를 물색하던 1960년대에는 아직 오키나와가 반환되지 않은 상태였습니다. 로켓은 지구의 자전속도를 이용하기 때문에 동쪽을 향해 발사합니다. 바로 위로 쏘아 올려도 상승 중에 동쪽을 향하게 됩니다. 따라서 만일의 경우를 생각해서 발사장의 동쪽에는 바다가 펼쳐져 있어야 합니다. 그리고 발사한 후에 로켓의 비행 상황을 알기 위한 지상 추적국이 필요합니다. 지금은 인공위성으로 추적합니다만 당시에는 동쪽 바다 위에 추적국을 설치하기 위한 섬이 필요했습니다. 이러한 조건을 고려하면 다네가시마는 정지위성을 발사할 장소로서 이상적이었습니다.

나카노 다네가시마 발사장은 동쪽이 태평양이고, 추적국 설치를 위해 오가사와라도 있으니까요. 거기에다 도쿄에서도 비행기를 갈아타고 3시간이면 갈 수 있습니다. 확실히 좋은 조건을 갖추고 있습니다. 하지만 유감스럽게도 너무나 좁습니다. 기체나 연료운반 등도 꽤 힘들 것 같습니다. H-I 정도까지는 다네가시마가 이상적이었을지도 모릅니다만. 역시 H-IIA를 발사하기에는 좁습니다.

고다이 다네가시마의 세일즈 포인트는 아름다움입니다만, 그것은 발사장으로서 본질적인 요소는 아니죠.

나카노 2000년 9월에 키리바시공화국의 크리스마스 섬에 갔다 왔습니다. HOPE-X 계획에서는 H-IIA 로켓으로 발사된 HOPE-X가 지구를 한 바퀴 반 돌고 크리스마스 섬의 활주로에 착륙하기로 되어 있습니다. 크리스마스 섬에는 1950년대에 영국이 핵실험을 할 때 건설한 활주로가 3개나 있습니다. 핵을 실은 폭격기가 이착륙하던 아주 긴 활주로도 있는데, 전혀 사용하지 않고 방치되어 있습니다. 이것을 보러 갔다 왔습니다. 날짜변경선을 넘어서 하와이로 가서 거기서 또 소형기로 5~6시간 날짜변경선의 서쪽으로 되돌아가는 불편한 곳입니다. 우주개발사업단의 추적국도 보고 왔습니다.

고다이 크리스마스 섬에 있는 추적국은 다네가시마에서 발사된 위성이 로켓에서 분리되어 독립하는 순간을 체크하는 역할을 하고 있습니다. 추적국 뿐만 아니라 일본판 셔틀 착륙이나 새로운 발사장으로 매력이 넘치는 곳입니다.

나카노 우주개발사업단은 이미 HOPE-X 계획을 위해서 크리스마스 섬의 4000미터급 활주로를 빌리는 계약을 키리바시정부와 체결하고 있잖아요. 조금 범위를 넓혀서 H-IIA의 발사장으로 사용하는 것은 안 될까요? 핵실험 기지의 흔적 등은 살벌할 뿐만 아니라 영국군이 두고 간 차량이나 기계가 40년간이나 방치된 채로 몹시 황폐해져 있었습니다. 이러한 토지를 겨우 몇 번의 HOPE-X 착륙만으로 끝낼 것이 아니라, 발사장으

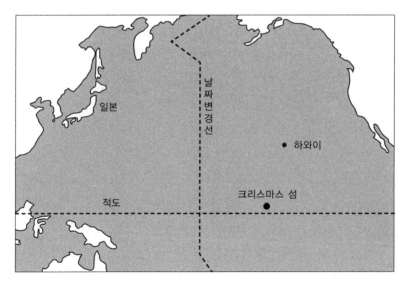

날짜변경선이 키리바시공화국을 지나기 때문에 크리스마스 섬은 동쪽에 있지만 시간은 서쪽에 있는 수도를 기준으로 한다

로 활용한다면 키리바시정부에게도 플러스가 되지 않을까요?

고다이 말씀하신 대로 21세기에는 또 다른 발사장이 필요합니다. 크리스마스 섬은 모든 면에서 합격입니다. 다네가시마와는 다른 용도로 사용하는 것이 좋을 것 같습니다.

나카노 케이스 바이 케이스(case by case)라고 할까요? H-IIA 같은 대형 로켓은 크리스마스 섬에서 발사하고, 그 외의 중형, 소형 로켓은 지금처럼 다네가시마에서 하는 방법도 있습니다. 국가위성은 다네가시마에서 상용위성은 크리스마스 섬이라는 아이디어도 있죠. 군사와 관련된 발사를 하는 미국이나 러시아, 중국은 자국 내 발사장을 고집하지 않으면 안 되지만, 상용위성 중심인 아리안을 꾸르에서 쏘아 올리는 것은 발사비용이나 로켓개발의 부담을 완화하기 위해서 입니다. 일본이 비즈니스 목적으로 로켓발사를 해 나가기 위해서는 역시 H-IIA의 발사장을 옮겨야 하겠죠. 경제논리로 보면 그렇게 되지 않을까요?

고다이 크리스마스 섬은 뭐라 해도 태평양의 배꼽에 해당하고 규제가 전혀 없는 국제우주자유항으로서의 가치가 높다고 할 수 있습니다.

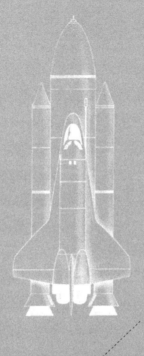

4

성공하는 조직과 실패하는 조직

[정치와 관료의 구조]

나카노　우주개발 관계에서의 실패라고 하면 바로 생각나는 것이 스페이스셔틀 챌린저 사고와 이에 대해 당시 레이건 대통령이 '이 슬픔을 넘어서자'는 성명을 발표한 것입니다. 국민성의 차이인지, 정치인의 자질 차이인지, 아니면 정부라는 조직의 차이인지, 일본과는 너무나 큰 차이가 있었습니다.

고다이　앞에서도 말씀드렸습니다만, H-II 8호기 사고가 발생했을 경우에는 당시의 오부치 게이조 수상은 '실패가 있어도 로켓개발은 계속해야 한다'는 성명을 발표했습니다. 하지만 저는 이 성명을 어떻게 받아들여야 할지 의문을 가졌습니다. 무엇보다도 정계 수뇌가 발표한 이런 종류의 성명은 처음이었으니까요. 이 성명이 오부치 수상 개인적인 인품에서 나온 것인지, 측근의 지혜였는지, 아니면 정부 부처가 모종의 '인풋(input)'을 넣었던 것인지를 분간할 수 없었기 때문입니다.

나카노　그렇군요. 하지만 그 메시지는 여론에 거의 영향을 주지 못했습니다. 우주개발 관계자 가운데에는 획기적이었다고 말하는 사람도 있었습니다. 물론 확실히 '이제 로켓개발은 중단한다'는 말을 듣지 않은 만큼, 획기적이었다고 할 수 있을지도 모르겠습니다. 하지만 서글픈 이야기이죠. 또한 신문이 일부러 그랬는지는 모르겠습니다만, 성명에 대한 기사는 확대경이 필요할 정도로 작게 다루었습니다. 나아가 연일 '일본의 기술력 저하'라는 기사가 대문짝만하게 실렸죠.

로켓 실패에 대한 반응이 일본과 미국에서 왜 이렇게 차이 나는 걸까요? 일본에서도 레이건의 메시지는 클로즈 업 되었죠.

고다이 신문에서 읽은 내용인데요, 챌린저 사고에 대해 미국 국민 거의 대부분이 레이건 대통령과 같은 반응, 즉 '슬픔을 넘어서자'는 반응을 보였다고 합니다. 반대로 일본의 여학생은 '무서워요. 왜 그런 위험한 일을 할까요?'라고 말했다는 겁니다.

나카노 99년에 화성 탐사계획이 실패했을 때는 NASA의 골딘 장관이 직원들에게 장문의 글을 배포했죠. 그 내용이 참으로 훌륭했습니다.

고다이 훌륭한 글이었죠. 일본 사람은 그렇게 쓸 수 없어요.

나카노 A4로 1페이지 반 분량이었죠. 처음 그 문서를 봤을 때, 먼저 아주 작은 글씨로 빼곡하게 채워진 문장을 보고 깜짝 놀랐습니다. 그리고 내용을 읽고 나서 감동 받았습니다. 실패에 대해서는 거의 언급하지 않고, 지금까지 NASA가 해 온 스페이스셔틀이나 탐사계획 등을 하나하나 거론하며, 얼마나 안전성과 확실함을 중요하게 여겨 왔는지를, 얼마나 그것들이 국가에 공헌해 왔는지를 설명하고 직원들의 노력을 칭찬하는 내용이었습니다. 화성 계획의 실패에 대해 언급한 것은 마지막의 아주 일부분이었습니다. 그것도, 앞으로 계획의 실패에 관한 조사를 하기 위해 많은 사람들이 오고, 유쾌하지 않은 일들도 있을 수 있겠지만 이를 극복하고 NASA의 영광을 만들어 나가자는 말이었습니다.

고다이   그런 표현에 대해 반발한 의원도 없었던 것은 아니죠.

골딘 문서

이번 기회를 빌어 제가 얼마나 NASA 가족들을 자랑스럽게 여기는지 말씀드리고자 합니다. 올해 우리가 거둔 일련의 훌륭한 성공에 대해 여러분 모두에게 감사드립니다. 우리는 지난해 10월부터 착수해 온 13개 미션 가운데 10개를 성공시켰습니다.

예를 들자면 'Deep Space One', 'SWAS', 'Star Dust', 'LANDSAT7', '퀵스캣', 'FUSE', '우주 스테이션 최초 건설 미션' 그리고 '챈들러' 등의 업적은 아주 일부입니다만 모두 인상적인 것들이었습니다.

이러한 미션의 성공은 말할 필요도 없이 전체 NASA팀이 이루어 낸 것이므로 특정 그룹을 거론함은 적당하지 않을지 모릅니다. 하지만 저는 특별히 뛰어난 두 그룹의 노력을 언급하고자 합니다.

첫째로, 안전성을 최우선으로 수행한 셔틀팀을 높이 평가합니다. 스페이스셔틀의 안정성을 확신이 설 때까지 검사하고, 거기에 또 검사를 거듭해 가는 결단은 참으로 정당한 것입니다. 우리 우주비행사의 생명은 셔틀 관계자의 근면함에 달려 있습니다. 우리는 스케줄에 따라 진행하는 것이 아니라 안전성에 따라 진행하는 것입니다.

둘째로, 탐험의 본질과 개척자 정신을 증명한 화성팀입니다. 화성 탐사 계획은 'Mars Global Surveyor'와 'Mars Pathfinder'라는 두 개의 훌륭한 성공을 거두었습니다. 하지만 NASA를 힘 있고 활력 있는 조직으로 만들기 위해서는 '성공에 대해 어떻게 대응할 것인가'보다는 '실패로부터 어떻게 배울 것인가'라는 문제가 중요합니다. 'Mars Polar Lander Team'은 붉은 행성의 남극에 착륙하는 화성 탐사 역사상 가장 어려운 임무를 맡았습니다. 이 어려움은 예전에 3개국이 32회나 화성 도달을 시도했으나 11회밖에 성공하지 못한 사례에서도 잘 나타나 있습니다.

미국 국민은 여러분을 지지하고 있습니다. 국민들은 탐사라는 것이 얼마나 어렵고 또 얼마나 중요한지 알고 있습니다. 또 국민들은 화성으로의 비행에는 리스크와 실패, 그리고 장애가 따른다는 것을 알고 있습니다. 〈USA Today〉지가 월요일에 실시한 여론조사에서는 응답자의 72%에 달하는 사람들이 '화성 탐사계획의 계속을 희망한다'는 것을 보여주고 있습니다. 또 지난 주, 클린턴 대통령과 하원 과학위원회 의장 센브레너 의원은 각각 기자회견에서 화성 탐사계획과 'Faster Better Cheaper' 방식에 지지를 표명했습니다. 센브레너 의원은 다음 주에는 제트추진연구소를 방문해, 직원과의 간담회를 가질 예정입니다.

우리들은 한 대의 우주선 제조에 10년의 세월과 10억 달러의 비용을 투입하던 과거 시대로 돌아갈 수 없습니다. 우리들은 'Mars Observer'가 실패해서 다른 화성계획을 모두 잃어 버렸을 때를 잊지 않고 있습니다.

또 우리는 막대한 리스크를 무릅쓰고 새로운 발상이나 신기술을 시험하면서 실패했을 경우에는 서로에게 책임을 넘겨 버려도 되는, 그런 공상과학 이야기를 실현해 내라고 과학자나 기술자에게 요구할 수 없습니다.

'Faster Better Cheaper' 방식을 시작했을 때 말씀드린 바와 같이 만약 10개 항목의 미션에 착수해서 2개 항목 또는 3개 항목이 실패였다고 해도 그것은 성공이라고 간주합니다. 그리고 우리들은 이러한 실패로부터도 배

울 것이 있습니다. 'Faster Better Cheaper' 방식 아래에서 왜 2개 항목의
화성계획이 대성공이며, 왜 2개 항목은 실패했는가, 이것을 해명하지 않으
면 안 됩니다.

저는 실패를 규명하고 제언을 정리해, 보다 우수하고 탄탄한 계획 만들
기에 도움이 될 특별위원회 설치를 진행하고 있습니다. 책임을 추궁당하고
결과론만 가지고 분석하고 비판받는 것이 성가신 일임은 잘 알고 있습니
다. 그러나 연방정부를 위해 일하려면 고결해야 합니다. 미션 수행에서 무
엇이 잘못되었는지, 어떻게 이 문제를 해결해 가고 있는지를 우리들은 납
세자에게 알려야 할 의무가 있습니다. 연방정부에서 NASA는 가장 대담하
고 개방된 기관입니다. 세계인들이 우리의 움직임에 주목하고 있습니다.
과거에 우리는 전세계 사람들에게 감동을 주었습니다. 우리는 한 번 더 감
동을 주고자 하는 것입니다.

NASA 장관 다니엘 골딘

나카노 당연히 있었죠. NASA의 예산은 복지 분야 의원들이 항상 꼬
투리를 잡는 부분이죠. 게다가 골딘 장관도 실제로 NASA의
각 기관을 돌면서 많은 주의를 기울였다고 들었기 때문에 그
문서가 전부라고 볼 수는 없습니다. 대외적인 영향을 의식한
면도 있었겠죠. 그렇다고 하더라도, 그런 문서를 직원과 관계
자에게 돌린 것은 평가할 만한 일이라고 생각합니다.
아이들의 교육 얘기는 아니지만, 일단 칭찬하는 문화와 일단
설교하는 문화의 차이일지도 모르겠습니다. 일본인은 설교와
질책을 아주 좋아하고, 그것을 '배려'라고 믿으니까요. 퇴근

후 선술집에서는 상사에 의한 '배려'의 회오리바람이 불죠.

고다이 하지만 그러한 메시지를 발표하는 곳은 미국만이 아닙니다. 아리안 V 가 1호기 발사에 실패했을 때는, 시라크 대통령이 '아주 유감스런 일이지만, 있을 수 있는 일이다. 이를 극복하고 다음 발사 준비에 들어가 주기 바란다'는 의미의 메시지를 발표했습니다. 이 기사는 일본에서도 확실히 나왔더군요. 유럽연합이 10년의 기간과 7000억 엔을 들여 상업로켓 시장에서 미국을 따돌리려고 개발한 신형로켓이었는데, 발사 후 얼마 되지 않아 눈앞에서 엄청난 대폭발을 일으켰습니다.

나카노 겨우 고도 4000미터에서의 폭발이었죠. 저도 영상으로 봤습니다만, 눈앞에서 벌어진 대폭발을 보면서 정말 아연실색했습니다. 프랑스 입장에서는 엄청난 충격이었다고 봅니다. 고다이 씨도 8호기 사고 후에는 NASDA 직원에게 골딘 장관과 비슷한 문서를 발표하셨죠?

고다이 발사 실패 직후는 아니었습니다. 우치다 이사장이 인책 사임을 당했을 때, 인트라넷에 발표한 메시지였죠. 골딘 장관과 비교하면 훨씬 반향이 적은 것이지만, 일본의 우주개발이 처한 정세를 감안해서 조금이라도 전향적으로 나아가자는 취지의 내용이었습니다.

나카노 실패뿐 아니라 뭔가 실수나 트러블이 생겼을 때 조직 간부의 대응은 중요하다고 생각합니다. 인상적이었던 에피소드가 하나 있어요. 2000년 가을 경으로 기억하는데요, 스페이스셔틀 발사 전에 정비 실수가 원인이 되어 금속부품이 기체를 상하게 할 뻔했다는 이야기가 있었죠.

고다이   아, 골딘 장관 이야기군요? 다행히 금속부품이 발견되어서 셔틀은 무사히 발사되었죠. 그때 골딘은 금속부품을 떨어뜨린 작업자를 질책하지 않고, 대신 떨어진 금속부품을 발견한 사람은 칭찬하고 표창했습니다. 또 이것을 공표했기 때문에 대원의 사기가 올라갔죠. 이러한 대응은 좋았다고 봅니다.

사실, 저도 거의 같은 경험을 수 년 전에 했던 적이 있습니다. H-II 1호기 때였는데요, 발사대에서 기체를 분리하는 작업을 하는데 에어컨 덕트에서 가스가 조금 새는 것 같다는 보고를 받았습니다. 어떤 기술자가 10미터나 떨어진 곳에서 아지랑이가 아른거리는 모습을 발견한 것입니다. 그래서 바로 정비작업을 다시 해서 덕트를 교환했고, 그 후 로켓 발사에 성공할 수 있었습니다.

그로부터 나중에 상세한 조사를 했더니, 교환 전의 덕트에서 아주 작은 구멍이 발견되었습니다. 발사장소가 바다 근처였기 때문에 부식이 있었던 것 같습니다. 문제는 발사가 성공한 직후의 일입니다. 어느 언론에서 이것을 추적하여 '작업 실수'라고 보도한 것입니다. 이는 우주개발위원회에 상세히 보고되었고, 1호기의 발사 대성공에 대한 이야기보다 이 문제에 대한 내용이 더 많을 정도가 되었습니다. 하지만 저는 아지랑이를 발견한 기술자에게 사업단 사무실에서 비공식으로 표창장을 수여하고 감사의 말을 전했습니다. 이것이 미국과 일본의 차이죠. 비공식적으로 칭찬하고 조용히 감사의 말을 전하지 않으면 안 되었던 것입니다. 화가 난다기 보다는 슬퍼지더 군요.

나카노 슬픈 현실이군요. 역시 문화의 차이가 있는 것일까요? 그건 그렇고 일본의 정치인은 왜 프랑스나 미국처럼 적극적인 메시지를 발표할 수 없을까요? 이런 메시지를 발표하는 것과 발표하지 않는 것은 그 후의 움직임이 상당히 다를 것이라고 생각합니다.

고다이 우주개발이나 첨단기술 개발을 제대로 이해하지 못 하고 있는 것일지도 모릅니다.

나카노 자갈이나 시멘트, 아스팔트가 동원되는 토목건축 관련 개발에는 열심이어서 개인적으로도 공부를 하는데, 과학기술이나 첨단기술 개발분야에 대해서는 거의 무관심이라고 할 수 있죠. 더구나 과학기술이란 것은 막대한 투자를 필요로 하면서도 바로 이익을 내는 것도 아닙니다. 지적 재산을 손에 넣을 수는 있어도, 눈에 보이는 형태의 이익을 낼 수는 없을 지도 모르죠. 첨단기술 개발의 경우, 역시 거액의 투자를 필요로 하지만 언제나 리스크가 따르기 마련이죠. 제대로 기어가 맞물려서 남보다 한 발 앞서 간다면 산업 창출로까지 발전할 수 있지만, 실패하게 되면 하청산업으로 전락해 버립니다. 일본의 항공기산업이나 반도체산업, 최근에는 유전자 연구도 모두 그 단계에서 무너지고 말았습니다.

도입부에서도 나온 이야기입니다만, 일본은 고도성장 시대에 대량생산이라는 공업체제에 익숙해져 버렸습니다. '이것만이

공업이며 기술'이라는 생각이 박힌 거죠. 대량생산은 기본적으로 완성된 제조기술이기 때문에 리스크가 거의 없습니다. 시장에서의 판매경쟁을 제외하면, 전혀 리스크를 동반하지 않는다고 할 수 있습니다. 하지만 일품생산은 그 때마다 다양한 아이디어나 새로운 기술을 필요로 하기 때문에 항상 리스크가 따르죠. 대량생산에 빠져들어 버린 일본은 일품생산을 잊어버림과 동시에, '새로운 것을 시작할 때에는 리스크가 따르는 것이 당연하다'는 감각조차 잃어버린 것이 아닐까요? 정치인나 언론매체는 특히 이런 경향이 현저한 것이 아닌가 싶습니다.

고다이 그럴지도 모르겠네요. 로켓 발사나 위성운용 등도 잘 되면 만세를 부릅니다만, 실패를 하면 손바닥 뒤집듯 태도가 싹 변하게 되죠. 로켓이나 인공위성의 성공, 실패에 대한 세계적 데이터를 보면 명확합니다만, 보통 공업제품과 비교하면 놀랄 정도로 리스크가 높아서 실패투성이입니다. 로켓발사 책임자로서 저 자신도 이런 이야기를 언론 관계자들에게 입에서 단내가 나도록 설명합니다만, 예정대로 이루어지는 성공 말고는 큰 기사거리가 되지 않더군요. 어느 나라나 이런 일들은 있습니다만 특히 일본은 이런 경향이 강합니다. 다만 최근의 계속되는 실패에 대해서는 좀 잔소리를 들어도 어쩔 수 없다는 생각이 듭니다. 어쨌든 연달아 이어지는 실패는 좋지 않으니까요.

나카노 저도 항공우주 관계의 여러 위원회나 연구회에서 정치인들과

만날 기회가 있습니다만, 가만히 보면 두 가지 부류로 나눠지는 것 같습니다. 한 부류는 과학기술을 이해한다고 할까, 직책상이 아니라 개인적으로 관심을 가진 분. 또 한 부류는 이해는커녕 전혀 흥미를 가지고 있지 않은 사람입니다.

이해가 있는 분들은 아직 당선 횟수가 적은, 비교적 젊은 분들입니다. 이공계 출신의 기술자로서 개발의 어려움을 경험했던 분도 있더군요. 하지만 그런 분은 극히 소수입니다. 그 외에는 이해도 관심도 전혀 없는 사람들이 많습니다. 어떤 위원회에서는 우리 의견은 하나도 듣지 않고서 '간단하게 말해서 예산을 좀 더 달라는 얘기지?'라는 의미의 말을 노골적으로 하시는 분도 있었습니다.

또 어떤 위원의 이야기로는, H-II 8호기 사고 후에 국회 유력 의원이 관계자를 불러서 '또 실패하면 용서하지 않을 것'이라 했다고 합니다. 그 의원이 '용서하지 않겠다'고 말한다고 해서 발사가 성공하는 것도 아닐 텐데 말이지요.

고다이 그건 정치인으로서의 퍼포먼스 아니었을까요?

나카노 예. 그런 의도도 있었을 겁니다. 남들 눈에 띄도록 자기 존재를 어필하는 것도 정치활동의 일부니까요. 하지만 저는 납득할 수 없습니다. 이것도 8호기 사고 후의 일입니다만, 모 메이커의 간부에게서 들은 이야기입니다. 이 메이커의 사장이 설명할 게 있어 장관을 방문했는데, 좀 더 긴장감을 가지고 일을 해달라는 말을 듣고 돌아왔다고 합니다. 하지만 그 간부는 "우리 기술자들이 긴장이 풀린 채로 일하는 것은 아닙니

다. 모두들 긴장해서 일하고 있어요. 그들에게 이 이상 더 어
떻게 하라는 건지…”라고 불평했죠.

또 하나는 다네가시마 시찰이 있죠. 성공을 위해 격려하러 가
는 건지, 그야말로 모두를 긴장시키러 가는 건지 모르겠습니
다만, 작업하는 사람들의 입장에서는 참 힘든 일이죠. 발사
전 바쁜 시기에 일정을 잡지 않으면 안 되니까요. 그렇지 않
아도 일손이 부족한 형편인데 말이지요.

고다이 그것도 퍼포먼스의 하나라고 생각하는데요 그래도 그건 좋
은 의미의 행사라고 할 수 있죠. 예를 들면 우주센터에서는 많
은 기업의 기술자들이 작업을 합니다. 거기에 기업의 사장들
이 얼굴을 내밀면 정말 좋은 의미에서의 자극이 되는 겁니다.
특별한 주의를 해야 하는 것도 아니고 ‘열심히 하라’는 한마디
를 건넬 뿐입니다만, 사원들끼리는 의식이 통하니까요. 이 한
마디로 다른 기업의 기술자들과의 사이에서도, 같이 잘 해보
자는 분위기가 생깁니다. 하지만 제가 발사 책임자로 있는 동
안은 현장 기술자에게 ‘열심히 하라’는 말은 절대로 쓰지 않았
습니다. 발사 직전에 열심히 하라고 하면, 사람에 따라서는 더
욱 긴장하게 되어 작업 실수를 하기 때문입니다. 게으름 피우
는 사람은 없으니까 평상심 상태에서 일을 하는 것이 중요합니
다. 열심히 해야 할 때는 그 이전인 개발 단계죠.

나카노 정치인의 경우는 성공을 하게 되면 ‘내가 긴장해서 열심히 하
라고 했기 때문에 성공했다’는 태도를 보이고, 실패를 하게
되면 ‘가만 두지 않겠다’는 식입니다. 물론 그저 단순한 퍼포

먼스로 이해봐야 할지도 모르지만 말이죠.

또 하나 제가 납득할 수 없는 것은 발사가 실패하면 장관이나 발사 책임자, 사업단의 최고책임자까지 사죄를 한다는 겁니다. 저는 N-II의 마무리 단계였던가, 아니면 H-II의 1호기 때 즈음부터 일본의 우주개발을 외야석에서 지켜 봐 왔는데요, 이 부분만큼은 납득할 수가 없습니다. 미국이나 프랑스와는 180도 다른 반응이거든요. 일본 특유의 반응이죠. 그렇게 함으로써 우선 사태를 진정시키고 그러고 나서 다음 단계에 들어간다는 '할복' 또는 '석고대죄'의 연장선상에 있겠지만, 일본 국민의 시선에서 본다면 아주 부자연스러운 것이라고 생각합니다. 아직 실패의 원인도 규명되지 않았는데, '죄'를 인정하고 '사죄한다'는 것은 오히려 공허한 인상이 듭니다. 적어도 '유감이다' 정도의 표현에 그치고, 철저한 원인 조사를 한 후에 판단해야 되는 것이 아닐까요?

고다이 제 경우, 실제로는 그렇게 사죄하지는 않았습니다. 그렇기 때문에 "고다이는 잘 사죄하지 않아서 평판이 나쁘다"는 말을 몇 번이나 들었습니다. 저는 정말 노력하지 않아서 실수하거나, 해서는 안 되는 일을 했다면 사죄합니다만, 그럴만한 일은 없었습니다. 모두가 사력을 다해서 열심히 생각하고, 일에 몰두했고 최선을 다했다, 그래도 잘 되지 않았다면 그것은 결과론입니다. '알고도 저지른 바보 같은 실수'는 곤란하지만, 기술적인 것 때문에 사죄할 필요는 없다고 생각합니다. 그래도 관리 책임자라는 입장에서는 사죄합니다. 그런데 이런 마음이 표정으로 드러나는 때문인지도 모르겠는데요, '진정으로 사죄하지 않는 게 아니잖나'라는 말을 듣습니다. 고위관리의 입장에서 보면 바람직하지 않은 태도로 비쳐지는 것 같습니다. 전력투구를 했는데도 대규모 사고가 일어나면 아무래도 납세자 여러분에게 죄송한 마음을 가지고 사죄하는 것은 당연하다고 생각합니다. 하지만 준비작업 도중의 아주 사소한 기술적 트러블에 대해서까지 사죄하는 것은 이상하다고 생각합니다.

나카노 그 같은 사죄 분위기에 대해 제가 하나 말씀드리고 싶은 것은, '일단 잠시 멈추고 나쁜 관습을 고쳐야 한다'는 것입니다. 어찌되든 상관없으니까 우선 비판하는 측의 입장에서 선다든가, 나중에 어떻게 되든 간에 일단 사죄하는 입장에 선다는 것은 너무나도 차원이 낮은 이야기죠. TV를 보는 입장에서 괜히 부끄러워집니다.

지금도 기억이 납니다만 '지하철 사린가스 사건' 때 경찰과 언론은 최초 발견자인 가와노 요시유키 씨를 의심했죠. 자택에 약품병이 많이 있다는 이유 때문이었습니다. 그 때 보도가 독가스니 뭐니 나오는 와중에 '사린'이라는 단어가 나왔습니다. 그래서 저는 어딘가에서 들어본 적 있다는 생각이 들어 집에 있는 백과사전을 찾아봤더니, 사린이라는 항목에 메모장이 붙어 있더군요. 가만 생각해 보니 걸프전쟁 때 화학병기가 문제가 되었을 당시에 찾아보았던 것이 기억났습니다.

그 책에 사린을 해설해 놓은 내용에는 화학식까지 나와 있었습니다. 그냥 어디서나 구할 수 있는 보통 백과사전이었지요.

고등학교 2학년이라도 재료만 구하면 만들어 낼 수 있다는 말입니다. 가와노 씨의 집에 있던 약품을 보면 사린을 합성할 수 있는 것인지 알 수 있었을 겁니다. 그런데도 경찰과 언론은 이에 대해서는 언급하지 않았죠. 그렇게 시간을 낭비하는 사이에 상황이 바뀌었고 결국 살인 수사는 다른 방향으로 흘러가 버렸습니다.

그 후 얼마 지나지 않아 또 문제가 되었던 것이 후지산 기슭에서 있었던 옴 진리교에 대한 강제 압수수색이었습니다. 이때도 경찰이 건물 안에서 운반해 온 '약품'의 봉투를 보고 TV 리포터가 "NaCl입니다. 지금 NaCl이 운반 되어 나왔습니다"라고 떠들어 댔습니다. 조금만 더 침착했었더라면 좋았을 텐데 말이죠. (NaCl, 즉 염화나트륨은 소금이나 마찬가지로 아무 위험도 없는데 화학 지식이 없는 리포터가 공연히 흥분했던 것-역자주)

그 상황에서 또 경찰이었는지 언론이었는지 잊어 버렸습니다만, 압수물 리스트를 읽어가면서 "에이 지 넘버 쓰리"라고 하는 겁니다. 뭘까 하면서 보고 있으니까 'AgNO3', 그러니까 질산은을 얘기하는 것이었습니다.

속보성도 중요하지만 역시 좀 더 차분하게 조사하고 생각해야 한다고 봅니다. 그냥 아무 백과사전이라도 찾아봤더라면 그런 어리석은 실수는 범하지 않았을 것입니다. 로켓의 경우에도 마찬가지죠. 바로 사죄를 요구하는 것도 이상하고, 바로 사죄하는 것도 이상합니다. TV를 보고 있으면 정말로 부자연스럽습니다. 정말로 잘못을 인정한 상태에서의 사죄인지 의문스럽습니다. 왜냐하면 '잘못'이 존재하는지조차 확인되지 않은 상태니까요.

미국의 모방이 될지도 모르겠습니다만, 무슨 일이 있을 경우 골딘 장관의 경우처럼 우선 내부에서 협의해서 앞으로 어떻게 할 것인지를 정하고, 행동으로 옮긴 후 그 행동을 외부에 공표하는 것이 좋지 않을까요? 대체로 바로 기자회견을 열어 발표할 수 있는 내용이란 그저 뻔한 내용입니다. 기자회견을 보는 쪽에서도 그 자리에서 사고 원인을 밝힐 거라고는 기대하지 않습니다. 사죄는 '잘못'의 존재가 확인되고 난 뒤의 일입니다. 기자회견을 하는 쪽에서도 '원인 규명'과 '책임 추궁'을 혼동하지 말고, 좀 더 냉정해질 필요가 있지 않을까요?

고다이 하지만 엎드려 머리를 땅바닥에 조아리는 사죄가 있어야만 그 후의 기술 규명에 들어갈 수 있다는 것이 일본사회에서는 난감한 부분이지요. 일본에서는 원인 규명보다 책임 추궁 쪽에 중점을 두니까요.

나카노 애당초 그 사죄라는 것은 어디에선가 요구해서 하는 것인가요? 아니면 그냥 관례화되어서 자발적으로 하는 것인가요? 제가 볼 때 이 문제는 그동안 원자력을 연구해 온 구(舊) 과학기술청의 체질에서 나온 것이 아닐까 생각합니다만, 어떻습니까?

고다이 정말 그럴지도 모르겠습니다.

나카노 과학기술청은 원래 원자력을 담당해 온 부서입니다. 원자력이 주역이었다고 해도 과언이 아닙니다. 그래서 공무원 중에서도 원자력 출신자가 많습니다. 원자력은 기술개발 초기에는 미래의 에너지로 기대를 모았습니다만, 도중에 반대 운동 등도 생겨났죠. 그래도 미래 에너지 확보를 위해서 계속하지 않으면 안 되니까 사고가 일어나지 않는다는 점을 강조하며 '수비' 자세를 취하는 겁니다. '실패는 절대로 허용되지 않는다'는 발상은 이때 생긴 것 아닐까요? 하지만 일어나서는 안 될 사고가 일어났기 때문에 그 다음은 사죄와 해명으로 일관하는 체질이 되어 버렸다, 체질이라기보다는 문화라는 표현이 어울리겠네요.

이런 부처 분위기 가운데 우주개발이 있는 겁니다. 하지만 문화가 전혀 다르죠. 기본적인 업무대처방식이 전혀 다릅니다.

고다이 그렇습니다. 원자력뿐 아니라 어떠한 기술이든지 트러블이 없다는 것은 있을 수 없습니다. 그럼에도 불구하고 원자력은 '절대로 사고가 일어나지 않는다'고 호언장담해온 것입니다. 원자력은 트러블이 발생하면 사람과 재산에 피해를 주게 되니까, 실패라는 건 있을 수 없죠. 하지만 우주개발의 경우를 예로 들자면 로켓은 20회 발사 가운데 1회 정도는 실패가 있습니다. 이를 기정사실로 하고 개발이나 사업을 진행하는 것은 세계적으로도 인정되고 있는 것이니까요.

나카노 물론 일본은 유인(有人) 발사가 아니니까, 실패로 인해 투자한 돈을 잃는 일은 있어도 인명에 영향을 주는 일은 없습니다. 한편으로는 우주개발 그 자체가 아주 도전적인 요소를 포함하고 있습니다. 이러한 전혀 다른 두 가지 문화를 하나의 부서가 맡고 있었죠. 그것도 원자력 출신의 관리들이 중심이 되어 해 왔습니다. 이래서야 유럽이나 미국 같은 도전적인 모습을 보여주기 어려운 겁니다. 정치인들도 과학기술 자체를 이해하지 못 하니까 '일본이 하는 것은 무엇이든 성공하는 것이 당연하다'고 생각하는 거고요.

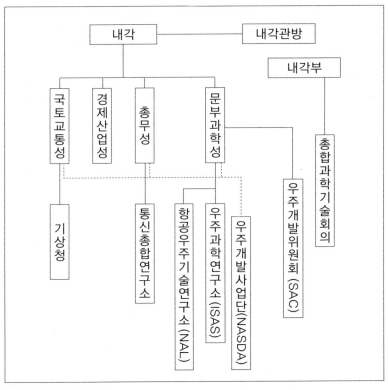

**우주개발사업단은 구 과학기술청 계열이었으며,
우주과학연구소는 구 문부성 계열이다**

고다이 일본의 우주개발은 애정 없는 가정에서 태어나 이해심 없는 부모 밑에서 양육 받은 느낌이 드는군요. 아직도 냉담한 가정 분위기라고 할까, 과학기술청은 부처 개편이 되는 마지막 순간까지 이해가 부족했다고 생각합니다.

제가 지금도 납득이 가지 않는다기보다는 분개하는 부분인데요, 2000년 말에 나온 우주개발 정책대강의 수정안은 너무나도 소극적인 것이었습니다.

고다이 활기가 없는 내용이었죠.

나카노 저는 우주개발위원회의 기본전략부회에서 그 대강 수정안의 기반을 만드는 자리에 있었습니다만, 솔직히 말해서 도중에 의욕을 잃어 버렸습니다. 부회 위원은 천문대 관계자, 위성이나 로켓개발 관계자, 첨단기술 연구자 그리고 저처럼 외부에서 온 사람들입니다. 저희들은 처음에는 역할 분담을 해서 21세기의 일본의 우주활동은 어떠한 모습이어야 하는가를 몇 개의 항목별로 정리했습니다. 고다이 씨도 아시다시피, 이것을 소재로 '일본우주개발 중장기전략'이란 보고서가 만들어집니다. 다시 말해서 우주개발 정책대강의 '최신 버전'인 거죠.

이때 나온 재료는 제대로 정리되지 않은 것입니다. 각 분야의 제일선에서 활약하는 연구자들이 '우리는 이것을 하고 싶다'는 희망을 제출한 것이니까 어쩌면 당연하다고 하겠죠. 하지만 예산이라는 제약이 있기 때문에 뭐든지 가능하다는 말은 아닙니다. 서둘러 시작하고 싶은 연구나 개발, 또는 10년 후의 시작을 위해 준비를 해야 할 테마 등, 다양한 것이 나왔기 때문에 어느 부분에서는 타협을 해야 하는 거죠. 그 우선순위나 지금까지의 흐름과의 정합성, 그리고 앞으로의 일본에 적합한 테마인가를 회의장에서 논의하여 조정해 가는 겁니다.

이 논의가 종반에 접어들었을 때, 어느 위원으로부터 "나카노 씨가 써 주시면 어떨까요?"라는 의견이 나왔습니다. 보고서의 전문이나 의의와 목적, 목표 등을 말이죠. 현재의 보고서 스타일로 계산하면 A4로 20페이지 정도 분량이었습니다. 이런 의견이 나온 이유는, 제가 어느 기관에도 소속되지 않았기 때문에 중립적인 입장에서 보고서를 작성할 수 있다는 점 때문이었습니다. 여기에 또 한 부분, 이런 종류의 문서는 무미건조하고 어렵기 십상이므로, 일반인도 읽을 수 있는 내용으로 작성하자는 것이었습니다. 제가 글쓰기를 직업으로 삼고 있기 때문이었겠죠. 이에 대해 찬성들 해서 저는 바로 준비에 들어갔습니다.

하지만 사무국의 고위 관료에게서 중지하라는 요청이 내려왔습니다. 사무국에서 정리하겠다는 것입니다. '반드시 납득할 수 있는 보고서를 만들겠다'고 너무나도 끈질기게 요청을 해왔기 때문에 저도 어쩔 수 없이 타협하고 지켜보기로 했습니다. 문안 제출기한 며칠 전의 일이었습니다.

이렇게 해서 다음 회의에서 배포된 보고서는 너무 내용이 적다고 할지, 적극성이 결여되었다고 할지, 아무튼 점잖은 내용이었습니다. 처음부터 위원들 사이에서 이론(異論)이 나와서 회의는 큰 소란을 빚었습니다.

고다이 엄청났나 보더군요. 신문에도 났었습니다.

나카노 하지만 사무국은 일부 문구 수정 요구에 응하기는 했지만 그 이상의 양보는 완강하게 거절했습니다. 저로서는 H-II 8호기 이후의 우주개발위원회·특별회합에서 보고서를 작성할 때 제가 낸 의견이나 문서의 70%는 물론 80~90%까지도 반영할 수 있었기 때문에, 사무국도 위원들의 의견을 제대로 반영해 줄 것으로 생각했습니다. 하지만 결과는 전혀 달랐습니다. 제가 아마추어였던 것이죠.

그 후 두세 차례 회의가 있었지만, 계속 큰 소란이 빚어졌습니다. 저는 마지막에 가서 더 이상 출석하지 않게 되었습니다만, 출석해서 사무국과 논쟁을 해야 했는지…. 지금까지도 납득이 가지 않습니다. 물론 그 보고서를 타당하다 보는 사람도 있으므로 이것은 어디까지나 제 개인적 생각입니다.

고다이 지금 우주개발위원회는 그 보고서에 따라 진행을 하고 있죠.

나카노 고다이 씨는 부처 개편 이후 만들어진 새로운 우주개발위원회의 위원이시죠? 앞으로 5년간 활기 없는 내용의 보고서에 묶여 버리게 되는 거군요. 결국 우주관계 예산도 10%나 삭감되어 버렸습니다. 과학기술청은 바이오나 다른 분야에 예산을 투입하기 위해 처음부터 이쪽을 삭감할 작정이었다고 하더군요. 아니면 대장성(우리나라의 기획재정부–역자주)이 그러한 생각을 가지고 있어서, 과학기술청이 거기에 따라간 것인지도 모르겠습니다. 하지만 그렇다면 뭐 하러 기본전략부회를 열었던 걸까요?

고다이 예산에 대해서 말하자면, 이미 꽤 오래전에 알고 이야기되었던 부분이긴 합니다만, 실링(ceiling, 정부예산 요구한도 마감―역자주)을 채택하고 있지요. 그 이후부터 정부부처에서는 6, 7월이면 실질적으로 모든 예산이 정해져 버립니다.

나카노 예산에 관해서는 그렇겠죠. 이미 예산 배분이 정해진 후 논의에 들어가기 때문에, 그런 결과가 나오는 겁니다. 예산 삭감이 필요한 때에는 또 거기에 맞게 점잖은 내용의 보고서를 만드는 것이고요. 하지만 과연 관료들이 그렇게 해도 되는 것일까요? 연구나 개발, 과학기술에 대해서는 정치인 정도는 아니라고 하더라도 제대로 이해한다고 볼 수 없는 관료들이 억지로 보고서를 작성해 버리는 것은 정말 걱정입니다.

고다이 과학기술청은 이과 출신 관료가 반 정도이고 그 나머지는 문과 출신자라고 생각합니다만, 이것과 관련해서 재미있는 경험을 한 적이 있습니다. 발사장이 다네가시마에 만들어지고 나서 얼마 되지 않은 때였으므로, 우주개발 초기였죠. 저는 그때 항공우주기술연구소의 연구자였습니다만, 발사장에서의 작업을 마치고 미나미다네가 마을의 여관으로 돌아가 식당에서 저녁을 먹고 있었습니다. 우연히 같은 숙사에 있는 사람이 옆 자리에 앉아 있었기 때문에 식사 후에 잠깐 이야기를 나누게 되었습니다. 그런 시기에 미나미다네가에 와 있으니까 메이커 쪽 사람일 거라고 생각했습니다. 이야기 도중 과학기술청이 화제가 되었는데, 제가 '과학기술청 사람들 대부분이 기술관료지만, 전체적인 과학기술정책을 수립하는 정부부처라는 의미에서는 잘 하는 것 같지 않다'고 했습니다.

기술 쪽 사람들이 그런 측면이 있지 않습니까? 자신의 전문분야에 관련된 부분이면 이것저것 간섭을 하지만 조금 다른 부분이나 자신이 모르는 분야에 대해서는 솔직하게 모른다고 하지 못하는 분위기가 있잖아요. 문과 출신이라면 자신은 기술 부분에 내해서 잘 모르니까 이것에 대해서는 누구누구에게 물어보자던가, 그것에 대해서는 누구누구에게서 배우자면서 전문가들을 모아서 거기서 논의를 하고 정책을 만들어 갑니다. 하지만 기술분야 출신의 행정 관료들은 자신이 이해를 못하면 상부에 설명을 못하죠. 이해를 못하면 전문가에게 물으면 되는데, 솔직하지 않으니까 계속해서 버티는 겁니다. 이런 타입의 관료가 꽤 있습니다. 하지만 주위에서는 아무 말도 못하고, 결국 모두가 에너지를 낭비하고 있는 거죠.

그래서 저는 '과학기술청의 그런 인사는 잘못됐다'고 했습니다. 그랬더니 그 사람이 "그렇군요, 그런 부분도 있겠네요. 그건 제가 한 것입니다만"라고 말하는 겁니다. 과학기술청의 상당히 높으신 분이라고나 할까, 고위 관료였겠죠. 저도 순간 당황해서 정말 죄송하다고 했던 기억이 납니다. 젊은 혈기의 소치였던 거죠.

하지만 이과가 좋은지 문과가 좋은 것인지는 일장일단이 있다고 생각합니다. 문과 출신 관료는 사람들의 이야기를 듣습니다만, 이과 출신은 그렇지 않은 경우가 많죠. 하지만 이과 출신 중에서도 '일류'라면 얘기는 달라집니다. 해양이나 우주

분야에서는 일본에서 이 사람을 능가하는 사람은 없다는 정도의 정책통이라면 괜찮지 않습니까? 세계의 연구 동향을 파악하고 있으면서, 우주개발사업단은 이렇게 생각하지만 외국에서는 이렇다든가 하는 식으로 제대로 판단할 수 있는 일류 기술관료라면 괜찮죠. 3류나 4류는 안됩니다.

나카노 하지만 기본전략부회 사무국은 일류 문과 출신이었습니다만, 사람들 이야기에는 그다지 귀를 기울이려 하지 않았습니다. 개인차가 있겠죠. 게다가 고다이 씨가 말씀하신 것 같은 '일류 기술관료'가 과연 일본에 얼마나 있을지 의문입니다.

지금 이야기를 들으면서 생각이 났습니다만, 십 수 년 전에 과학기술청 항공우주기술연구소가 중심이 되어 STOL(Short Take-Off and Landing) 실험기 아스카(飛鳥)의 연구개발을 했습니다. 600미터 정도의 짧은 활주거리에서 이착륙할 수 있는, 좁은 일본국토에 적합한 항공기 기술개발을 목적으로 한 것이었습니다. 실험기 아스카는 항공자위대의 C-1을 베이스 모델로 한 것으로, 여객기로 말하자면 65석 클래스 정도였습니다.

아스카 비행실험은 항공자위대의 기후(岐阜) 기지를 베이스로 했습니다만, 실험기간 종반에 접어들어 공동연구를 해 온 NASA 연구자들이 평가시험에 참가해서 직접 조종을 했습니다. 아주 훌륭하다는 평가를 받았습니다만, 그 후에 열린 회의에서 그들이 몇 가지 문제점을 제기했습니다. '이 정도의 실험기를 완성시켜 놓고서도 여러 형태의 비행실험을 할 수 없다는 것은 아쉽다'는 말이었습니다.

무슨 이야기인가 하면, 아스카는 단거리 이착륙성을 실현하기 위해 특수한 비행 형태를 취합니다. 예를 들면 플랩(양력을 늘리기 위한 날개)을 깊은 각도까지 고속으로 내린다던가 하는 것처럼 기존 항공기에는 없는 조금 색다른 기술들을 적용했습니다.

하지만 그런 기술을 충분히 살린 비행실험을 할 수 없었던 것입니다. 운수성의 관료가 '전례가 없다'는 이유로 플랩을 고속으로 내리는 것을 인정하지 않았습니다. 안전성이 확인되지 않았기 때문에 안 된다는 것입니다. 신형기니까 전례가 없는 것은 당연한 것이고, 그 비행성이나 안전성을 확인하기 위해서 개발한 실험기인데 그런 주장을 했던 것이죠. 그 관료가 이과 출신이었는지 문과 출신이었는지는 모르지만, NASA 연구자는 항공우주기술연구소의 연구자들을 동정의 시선을 봤던 겁니다. "나라마다 인식의 차이가 있으니까 어쩔 수 없군요"라는 의미의 말을 한 것으로 기억합니다. 어쩌면 동정이 아니라 기가 막혔던 것인지도 모르죠. 그들이 덧붙여 "하지만 관료가 전문가는 아닙니다. 이 항공기의 안전성이나 비행성에 대해서 가장 잘 이해하는 것은 전문가인 여러분들입니다"라고 한 것을 잊을 수가 없습니다.

행정부처의 문제라는 것은 참 심각합니다. 정말 일본의 장래를 생각하고 있는 것인지, 어쩌면 행정부처는 변화 없는 안정만을 생각하고 있는 건지 모르겠습니다. 일본국토에 적합한 항공기 개발이라고 하면서도, 결국 아스카는 여러 사람들에 의해 망가져버려서 실용화되지 못했습니다.

고다이 닛산자동차의 카를로스 곤 사장이 지론으로 삼고 있다는, '아 마추어는 일을 복잡하게 만든다'는 이야기가 생각이 나네요.

나카노 아스카를 망가트린 관료들은 항공법이니 뭐니 부정적인 문제 만을 거론하며 일을 복잡하게 만들었습니다. 물론 관료들이 모두 그렇다는 얘기는 아닙니다. 제가 친하게 지내는 사람들 은 대단한 열의도 있고 훌륭한 구상까지 가지고 있습니다. 전 여기에 감동을 받기도 했습니다. 우주개발사업단에도 관료 출신 인력이 많죠. 최첨단 기술연구를 선도해야 할 조직에 관 료 출신이 많은 것도 이상한 얘기입니다. 연구자와 기술자의 집단이어야 할 우주개발사업단이 어찌된 일인지 행정부처의 냄새가 나는 것은 그 때문일까요? 여러 가지 위원회가 조직 되고 외부사람을 채용하지만, 의견에 귀 기울이고 정말로 실 행에 옮기는 사례는 드물다고 생각합니다. 이래서는 형태만 위원회이고 실제로는 행정부처나 마찬가지지요. 그런 상태라 면 도전적인 분위기는 조성되지 않습니다.

고다이 말씀 그대로 도전적인 면이 없어지고 있는지도 모릅니다. 간 단히 말하자면 원래 사업단이 시작되었던 것이(당시는 GCB 라고 불렀습니다만) 정지기상위성, 통신위성, 방송위성을 쏘 아 올리는 것부터 시작했죠. 그런데 이 과제들은 이른바 '하 늘에서 떨어진 미션'이었던 거죠. 사회와 국민을 위해 장래에 는 절대적으로 이러한 인프라가 필요하기 때문에 '우리가 시작하자고 생각해서 스스로 개척하고 미션을 찾아서 만들어진 것'이 아니었습니다. 우주개발추진본부(우주개발사업단의 전신) 시절에 다케나가(우주개발사업단 전 이사) 씨와 함께 사방팔방 여러 조직을 찾아다녔습니다. 이 때는 미션을 찾아내지 못 했는데요 그때 'GCB는 우주개발사업단이 맡아서 하라'는 지시가 있었던 것이죠.

다시 말해서 벌써 대부분의 안이 만들어져 있어서 '자, 이것을 제대로 완성하시오. 필요한 돈은 다 댈 테니, 그것들을 발사하기 위한 로켓도 개발 하시오'라는 식으로 사업단에 미션이 떨어진 것입니다.

예를 들자면 기상위성은 이미 세계 각국에서 매달리는 상황이었고요, 방송위성은 NHK가 기술적인 문제는 좀 있었습니다만 선구적인 연구를 하던 것을 그 후 사업단이 인수했습니다. 그리고 통신위성은 이미 미국이 연구하던 기술을 도입해서 우리가 만들었기 때문에 그다지 기술적으로 도전적인 면은 없었습니다. 이들 GCB 개발을 사업단이 담당했는데요, 우정성(우체국)이나 전기공사(현 NTT), NHK, 통신종합연구소에서 스스로 미션을 구상하고 이러한 것을 만들어 달라고 사업단을 찾아오는 형태였습니다. 사업단은 전체를 조사해서 정리하는 거죠. 이 때 정부로부터 자금이 내려오는 곳은 사업단입니다. 따라서 미션을 생각해 낸 사람들도 사업단으로 파견 나와서 사업단 직원이 되어 함께 개발을 진행했습니다.

하지만 문제는 그 다음입니다. 이렇게 개발한 위성을 사업단에서 발사합니다. 그리고 궤도상에 진입하고 나서 기술 체크를 합니다. 이렇게 되면 사업단의 역할은 거기서 끝이 나게 됩니다. 이 위성을 운용하거나 이 위성으로 실험하는 것은 사업단에 파견 나와 같이 일한 NHK나 또는 예전의 전기공사 엔지니어들입니다. 이들이 자기들의 연구소로 돌아가서, 거기서 이후 연구를 진행하는 것이죠. 따라서 그들에게는 미션의 구상에서부터 개발, 발사, 시험운용, 실험 등 모든 것이 연결되어 있습니다. 미션의 탄생 단계에서부터 모든 것에 관여하는 것이지요.

그러나 사업단의 위성에는 그 같은 하나의 흐름이 없었습니다. 따라서 위성의 미션 그 자체를 생각하는 분위기는 처음부터 없었던 것이죠. 그럼에도 불구하고 여러 곳의 사람들이 모여서 개발을 했기 때문에 여기에 자금이 필요했던 겁니다. 때문에 사업단 입장에서는 자체적으로 도전하고 싶어도 여유 자금이 없었습니다. 어떤 사용자를 상정해 놓고, 정말로 사용자를 생각해서 이러한 위성이나 시스템이 있으면 일본 또는 세상을 위해서 도움이 될 것이라는 방식으로 미션을 구상해 낸 경험이 너무 부족했던 것이죠.

지금까지 말한 것을 제대로 연결시켜 제대로 만들어낸 것이 지구관측위성입니다. 이 위성은 사업단에서 미션의 구상부터 운용에 이르기까지 모든 것을 담당했습니다. 이러한 의미에서 진정한 위성개발, 그러니까 처음부터 끝까지 책임졌던 그런 연구를 수행하고 그 결과를 반영시켜 다음 위성을 만들어

내게 된 것은 최근에 이르러서이죠.

나카노 기술시험위성 ETS-Ⅶ 오리히메 · 히코보시는 그런 의미에서 아주 훌륭한 위성계획이었죠. 이 계획은 사업단이 모든 부분을 스스로 진행한 것이었죠?

고다이 그렇죠. 우주를 초속 8000미터로 나는 두 개의 위성이 자동조작으로 랑데부 · 도킹하는 첨단기술시험을 위한 위성이었습니다. 자세제어 엔진의 상태가 좋지 않아 상당히 긴장했습니다만 결과는 대성공이었죠. 그 과정은 말 그대로 '도전적'이었습니다. 위성에는 로봇팔(Robot Arms)도 탑재되어 있었어요. 이것을 지상에서 조작했는데 상당히 훌륭한 결과가 나왔습니다. 로봇팔 쪽으로 베테랑인 우주비행사 와카타 고이치(若田光一)도 시험에 참가했습니다. 위성의 로봇팔 조작은 지상과 비교하면 한 차원 어려운 기술입니다. 팔을 잘못 움직이면 그 반동 때문에 위성의 자세가 흐트러지고 통신까지 단절되어 위성이 기능을 멈추어 버리게 됩니다. 이 기술은 우주스테이션으로 물건을 수송할 때 도움이 됩니다.

나카노 쓰쿠바우주센터에 가면 메이커나 다른 부처 연구소의 사람이 많습니다. 모두들 '미션의 구상에서 운용 · 실험'에 이르기까지 모든 과정을 수행하기 위해서 온 사람들이죠. 하지만 지금과 같은 상태는 좀 문제가 있다고 생각합니다. 사업단으로서도 스스로 첨단위성을 고안하고 개발, 발사, 우주에서의 시험까지, 산업화로의 길을 닦지 않으면 안 되기 때문입니다. 2~3일 전 뉴스에도 나왔습니다만 보잉이 항공기산업에서 우주산업으로 비중을 옮기는 결정을 내렸습니다. 단순히 에어버스 인더스트리와 경쟁하는 것이 아니라 지금까지 진행해온 우주산업 노선을 강화함으로써 장래에 자사가 우위를 보일 수 있는 분야를 확대하는 것이라고 생각합니다.

2001년의 1월에 콘디트 CEO를 비롯한 보잉의 최고 간부들이 대거 참가하는 비공개 심포지엄을 연 적이 있었습니다. 저도 거기에 찬조 발언자로 참가했었는데요, 그 심포지엄을 통해서 보잉 측이 빈번하게 했던 말이 '항공우주산업의 내일', '항공우주와 우주통신의 테크놀로지', '사업의 재구축'이었습니다. 특히 '산업구조 자체의 큰 변화를 예상한 사업의 재구축'이라는 말이 저에게는 인상적이었습니다.

지금까지도 미국은 NASA가 최첨단에 서서, '미션의 발안에서 운용 · 실험'을 하고, 이를 받아서 산업계가 새로운 비즈니스를 창출해 왔습니다. 보잉이 말하듯이 산업구조의 변화는 분명히 일어납니다. 이러한 가운데 NASA는 더욱 더 최첨단을 달려 나가게 되겠죠.

저는 우주개발사업단은 본래 최첨단의 기술연구에 특화시켜야 한다고 생각합니다. 이것은 우주개발위원회의 특별회합에서도 나온 이야기이죠. 철저하게 도전적인 기술연구에 착수해, 기술이란 자산을 손에 넣는 것입니다. 그리고 산업계가 이를 활용해 새로운 기술이나 비즈니스를 창출해 가는 거죠. 당연한 이야기로 들릴 수도 있겠지만 이것이 역시 본래의 가장 바람직한 모습인 것입니다.

하지만 유감스럽게도, 일본의 구조는 이것이 가능한 체제가 아닌 거죠. 우주개발사업단은 이름 그대로 '사업' 하는 곳으로 되어 있고, 우주산업에도 슈퍼301조의 후유증이 미칩니다. 이러한 측면을 '일류 기술관료'들이 주축이 되어 과감하게 풀어나갈 수는 없을까요? 정치인은 날마다 구조개혁을 이야기하지만 그건 지금까지 집에 있던 가구의 배치를 바꾸는 정도에 지나지 않았으니까요.

바깥세상을 보고 새로운 것을 시도하려는 분위기를 전혀 느낄 수 없습니다. 이대로는 '과학기술 창조입국'은 실현되지 않을 것입니다. 정치인에 있어서 과학기술은 '표'가 되지 않기 때문입니다.

고다이 과학기술 일반에 대한 이해가 부족할 지도 모르죠. 게다가 일본은 도전이란 것을 시도하기 어려운 구조로 되어 있습니다. 자금 이야기를 하자면, 내려오는 예산은 세금이므로 제대로 사용하지 않으면 안 됩니다. 하지만 그 '제대로'라는 것은 회계 감사원이 있어서 회계감사적으로 문제없는 사용법이란 것이지 도전을 뜻하지는 않습니다. 만약 도전해서 실패하게 되면 회계감사적으로는 문제가 생깁니다. 예를 들어 아주 선진적인 아이템, 그러니까 다른 곳에서는 손대지 않은 어떤 것을 개발하려 한다고 해 봅시다. 접근 방법을 이것저것 검토한 결과 가능성을 세 가지로 추려냈다고 했을 때, 첫 시험이므로 어느 것이 베스트인지는 모르죠. 여기서 3개의 도전을 하게 됩니다. 그러다가 어느 단계에 이르면 실현성이 가장 높은 하나로 추려지게 됩니다. 이 단계까지 100억 엔의 비용이 든다고 합시다. 여기서 다음 단계부터는 추려진 하나에 집중해서 개발하게 되고 드디어 완료하게 됩니다. 이 단계에서도 100억 엔의 비용이 듭니다. 이것을 회계감사적으로 말하자면 '100억 엔의 낭비'가 되는 것이죠.

나카노 제외된 두 개의 접근 방법은 쓸모없는 실패라고 보는 것이죠. 처음부터 한 가지 방법으로 가던가, 좀 더 이른 단계에서 하나로 추려낼 것이 요구되는 것인데요. 그렇게 해서는 진정한 의미에서의 도전이 불가능하고, 경쟁의 원리도 작동하지 않게 됩니다.

고다이 하지만 대부분 그 같은 시스템으로 되어 있지 않습니까? 일본의 우주산업이 그렇게 큰 것도 아니기 때문에 여유가 없는 것이죠.

나카노 미국 등은 이러한 경우에 어떠한 방법을 취하나요?

고다이 일본 경우보다 훨씬 나중까지 경쟁을 시킵니다. 그렇게 하다가 마지막에 제외된 안을 낸 회사가 손해를 입는 것인지, 아니면 손실을 입지 않도록 해 주는지는 잘 모르겠습니다. 그러나 미국이 우리와 다른 것은 '사람이 이동한다'는 사실입니다. 그 회사에 있던 기술자가 최종안이 채택된 회사로 가서 프로젝트에 참가하게 되죠. 그러니까 미쓰비시중공업과 가와사키중공업과 후지중공업이 경쟁하다가 결국 후지중공업이 이기면 미쓰비시나 가와사키의 직원들까지 다니던 회사를 그만두고 후지중공업으로 간다는 말입니다.

일본에는 이러한 경우가 없죠. 항공기 개발의 경우에는 처음에는 경쟁합니다만, 바로 프로젝트팀이라고 해서 여러 회사가 하나의 그룹을 만듭니다. 이것은 기술적 담합은 아닐까 생각도 합니다만, 인재가 적은 상황에서는 그렇게 하는 것이 효율적일지도 모르겠습니다. 하지만 철저한 경쟁이 없습니다. 처음의 아이디어 모집 정노에서 이미 '당신 회사는 이 부분을 하고, 우리는 이것을 담당하고' 식으로 분담 부분까지 정해 버립니다. 진정한 경쟁력은 실제 경쟁에서 생기는 것인데 말이죠.

나카노 보잉 B747은 그러한 치열한 경쟁에서 탄생한 대표 사례라고 할 수 있죠. 미국 육군의 대형수송기 개발 계획 때, 록히드와 보잉이 경쟁을 했는데, 록히드는 C-5를 제안하고 보잉사는 B747을 제안했습니다. 정말로 마지막까지 두 회사가 치열한 경쟁을 했다고 들었습니다. 결국 육군은 C-5를 채용했습니다만 보잉사는 B747을 여객 수송용으로 조금 설계를 변경해 점보 제트기로 판매했는데 이게 적중한 거죠. 경쟁 원리가 아주 잘 적용된 대표적인 예라고 할 수 있습니다.

고다이 따라서 경쟁사회가 되게 되면 거기에서 좋은 아이디어도 나오게 되고, 순발력이 좋은 사람은 출세를 하고 회사는 이익을 얻게 되죠.

5
실패와 도전
[성공신화]

나카노 이렇게 말하면 오해 받을 지도 모르겠습니다만, 저는 H-II는 '적절치 않은 시기에, 적절치 않은 것을 했다'고 봅니다. 8호 기가 아니라 1호기를 말하는 겁니다. 1호기의 성공은 94년 2 월이었으므로, 아직 거품 경기가 계속되던 때입니다. 이 시기 에는 자연과학계열 학부를 졸업한 학생조차도 금융업계에 취 업하고 기업은 제조부문을 아시아 각국으로 이전하는 등, 일 본의 공업은 심한 공동화 현상을 보였죠. 그럼에도 일본인은 변함없이 가전제품이나 자동차를 내세워 일본의 기술은 세계 최고, '기술입국 일본'이라는 환상에 빠져 있었습니다. 이러한 때에 순수 국산기술에 의한 대형 로켓인 H-II가 발사에 성공 합니다.

그런데 언론 매체를 포함한 여론은 '개발기술과 제조기술의 차이'를 이해하지 못했습니다. 가전기술과 H-II 기술을 그냥 아무 구분 없이 하나로 뭉뚱그려 취급해 버렸습니다. 이 때 문에 마치 대량생산 공업체제가 성공한 것과 같은 선상에 놓 여 완벽할 정도의 '기술입국 일본'의 신화가 만들어졌던 것입 니다. 조금 말이 심할지도 모르겠습니다만 저는 '미국이나 유 럽이 경험했던 것처럼 1호기 실패, 2호기도 실패, 3호기에서 간신히 성공할 정도로 어려움을 겪으며 발전해왔더라면 더 좋지 않았을까'라는 생각도 합니다. 아, 물론 이렇게 말하면 H-II의 개발이 힘들지 않았다는 말처럼 들릴지도 모르겠네요. 하지만 방금 말씀드린 의미에서 타이밍이 나빴다는 겁니다. 정말 기술입국을 지향한다면 기술에 대해 더욱 엄격하고 냉철해져야만 하는데, 이러한 의도와는 반대로 일본인을 거만하게 만들어 버린 느낌이 듭니다. H-II의 성공에 의해 피노키오처럼 콧대가 높아졌다고 생각합니다. 누가 '그럼 실패하는 쪽이 더 좋았다는 말이냐'고 묻는다면 물론 그렇지는 않습니다만….

고다이 그렇습니다. 처음에 실패를 하고 이를 극복해서 그 다음에 성공한다는 스토리가 괜찮기는 하지만, 역시 개발을 10년 이상 고생하며 진행해 온 사람의 입장에서는 무슨 일이 있어도 한 번에 성공시키고 싶죠. 물론 할 수 있는 일은 모두 다 했기 때문에, 진인사 대천명의 심정이었습니다. 당연한 얘기입니다만, 성공은 우리 모두의 소원이었습니다. 로켓은 한 발 한 발이 승부니까요. 그렇다고 해서 실패의 가능성을 전혀 고려하지 않았느냐고 하면 역시 그렇지는 않습니다.

치명적이지는 않지만 부분적으로 곤란한 상황이 발생한다면, 비극적인 실패만은 어떻게 해서라도 피하고 싶다는 것이 우리 마음이었습니다. 말하자면 거의 대부분이 성공인 상황에서 약간의 기능장애가 발생하는, 색으로 보자면 회색 정도를 말하는 것이죠. 점수로 하자면 80점 정도를 예상하고 있었습니다. 하지만 지금까지의 세계 로켓 개발 실패의 역사를 보면 대실패의 가능성도 꽤 있었습니다.

이러한 의미에서는 저희는 성공신화 같은 것을 전혀 꿈꾸지 않았습니다만, 역시 바깥에서는 그게 있었던 거죠. 모두 그렇게 생각하고 있었죠. 성공률 100%라는 건 없습니다. "90%, 95%를 목표로 한다"고 모두에게 말했습니다. 처음이었으니까 좀 더 낮았을지도 모르겠습니다.

하지만 제게 있어서는 1호기치고는 예상 이상의 결과였고, 아니, 정말 '만점 비행'이었기 때문에 발사 직후 기자회견에서 '200% 성공'이라고 말했을 정도입니다. 이 수치는 조금 감정적인 느낌이 듭니다만, H-II의 성공이 100, 그리고 덤으로 실은 궤도 재돌입 실험기인 OREX(Orbital Reentry Experiment Vehicle)의 성공이 100이었기 때문에, 합해서 200이라는 의미였습니다. 완벽한 성공임을 말하고 싶었던 것입니다. 그 때 분위기는 "해냈다!", "잘됐다!", "정말 잘 해냈다!"는 것이었습니다.

나카노　성공신화가 정착되고 있음을 절실히 느낀 것이 2000년 가을이었다고 생각합니다만, H-IIA의 1호기는 '공(空)발사'라는 보도가 있었을 때입니다. 분명히 밤에, 그것도 아주 늦은 시간이었다고 기억하는데요, 어느 방송국의 젊은 기자가 "H-IIA에 위성을 탑재하지 않고 발사하기로 했다는데, 어떻게 생각 하십니까?"라고 과학기술청 기자클럽에서 전화를 걸어 왔습니다. 당초 예정으로는 H-IIA 1호기에는 ESA에서 개발한 아르테미스, ARTEMIS(Advanced Relay and Technology

Mission Satelite 첨단형 데이터 중계기술위성)를 탑재하기로 되어 있었는데, H-IIA는 H-II의 개량형이었고 엔진도 LE-7A로 바꾸는 등 새로운 측면이 있었죠. 따라서 데이터를 엄청나게 수집해야 하기 때문에 회선 같은 것이 풀가동 되므로 '위성은 실을 수 없다'는 이야기를 사업단 측으로부터 들은 바는 있었습니다.

그 당시 저로서는 '지금 상황에서는 철저하게 데이터를 수집하고 싶을 테니까, 당연하겠지'라고 생각했습니다. 전통을 자랑하는 델타 로켓도 최근 델타II에서 델타Ⅲ로 버전업하고 나서 그 1호기와 2호기가 연속 실패했으므로, H-IIA의 입장에서도 신중해지는 것은 당연하다고 하겠습니다.

사실 일본은 H-II의 '시험기'에도 기상위성 히마와리 5호를 탑재해 발사하는 등, 뭐랄까요. 인색하다고 할까요? 그런 궁색한 모습을 보여 왔으므로, 데이터 획득만을 목적으로 한 로켓을 발사하는 것도 전혀 이상하지 않은 것이죠. 오히려 너무 늦은 감이 있다고도 할 수 있었어요. 히마와리 5호를 탑재한 것은 3호기였던가요? 고다이 씨가 발사 책임자를 담당하신 것은 3호기가 마지막이었죠?

어쨌든 이러한 상황들이 있었기 때문에, 그 방송국 기자에게 "괜찮다고 생각합니다. 비용은 조금 들지만 지금 열심히 데이터를 모아 두는 것이 나중에 가서는 재산이 됩니다"라고 했습니다. 하지만 다음날 아침 뉴스를 보니까 'H-IIA 1호기는 공발사'라고 하더군요. 전혀 이해하지 않았던 거죠. 이 방송국

뿐만 아니라 다른 TV와 신문도 거의 '공발사'였습니다.

고다이 전혀 새로운 로켓의 시험비행에는 진짜 위성을 탑재하지 않는 '공발사'가 이상적입니다. 하지만, 이 '공발사'라는 말은 좋지 않죠. 전혀 아무것도 탑재하지 않는다는 오해를 불러일으키게 되기 때문에요. 정말로 아무것도 탑재하지 않으면 로켓 전체의 중심이 달라지고, 그렇게 되면 자세 제어도 달라집니다. 로켓의 비행속도도 너무 빨라지므로 이를 위한 시험의 의미도 없어지게 되고, 파괴까지 예상해야 합니다.

그래서 데이터를 수집하기 위한 모조 위성을 탑재해 그럴 듯한 이름을 붙이기도 합니다. H-II 1호기도 정확한 이름은 '시험기 1호기, TF#1'이었습니다. 하지만 요즘은 세계 어느 곳에서도 금전적으로 인색해져서 시험기에도 모조 위성을 탑재하는 것이 추세입니다. 로켓이 대형화 · 고급화되어, 아마 성공할 것이라는 것이겠죠. 진짜 '공발사'는 너무 아깝다고 생각하게 된 거죠.

H-IIA의 시험기에 실을 예정이었던 아르테미스는 사실은 유럽에서는 중지를 눈앞에 두고 있던 프로젝트의 위성입니다. 그래서 ESA(유럽우주기관)입장에서는 사장시키느니 시험기라도 괜찮으니까 탑재해 달라고, 실패해도 괜찮다고 해서 시작된 것이죠. 원래 ESA 계획에서는 아르테미스는 아리안 V의 시험기 1호로 발사하기로 예정되어 있었습니다. 예전에 대폭발을 일으킨 그 로켓입니다. 개발이 예정대로 진행되었더라면 산산조각이 났을 겁니다.

나카노 왠지 서글픈 운명의 위성이군요. 그런데 시험기의 정의라는 것은 도대체 어떻게 되어 있는 것입니까? 사업단의 로켓은 'TF#1'이라던가 'TF#2'와 같이 'T(Test)'가 붙어 있는데도 위성을 탑재하죠. 그것도 기상위성과 같은 중요한 위성을. 이런 것들이 결국은 오해와 성공신화를 낳는 것이 아닐까요?

고다이 한마디로 발사 기회가 적기 때문에 그냥 탑재해 버리는 거죠. 말씀하신 대로 시험기라는 것은 기본적으로 가능한 한 최대의 데이터를 수집하기 위한 것만이 목적이라고 생각합니다. 우선 철저하게 데이터를 수집해, 이 때 좋은 점이라던가 이상한 점과 같은 것들을 확실하게 체크합니다. 이를 위해 통상적인 발사 때보다 주로 고주파진동, 화상데이터처럼 주파수를 많이 점유하는 데이터 등등, 되도록 많은 데이터를 수집해서 보냅니다. 어쨌든 간에 가능한 한 광범위한 데이터를 수집하는 것이 중요합니다. 그래서 H-II 시험기 1호에서는 위성을 대신해서 VEP(Vehicle Evaluation Payload 성능확인용 페이로드)라 부르는 무게추를 탑재했습니다. 네 개의 다리를 가진 고철덩어리 같은 평평한 상자로 위성과 똑같은 무게의 더미(dummy)입니다.

여기까지는 괜찮습니다만, 이 VEP의 위를 보면 아직 여유 공간이 있습니다. 그러면 비행 기회가 적은 개발을 하고 있는 측에서 보면 아까우니까 '이 기회에 이것을 탑재해 실험하자'고 해서 중국식 냄비와 같은 모양의 OREX를 태운 것입니다. 이것은 시험기 원칙상으로는 잘못된 것이지만 저도 반드시 그 기회를 이용하고 싶다고 생각했습니다. 가령 비행에 실패하더라도 개발과정만이라도 60점 가까운 가치가 있다고 생각합니다. OREX는 덤이었지만, 역시 발사 기회가 적으므로 어떻게 해서든 다양한 시험을 해야 합니다. 그런 식으로 해서 차근차근 더 훌륭한 것들을 탑재하게 되는 것이죠.

나카노 점점 서글픈 이야기가 되어 가는군요.

고다이 그러니까 결국 일본은 N-I, N-II 그리고 H-I로 진행해 왔지만, 기본적인 베이스로서 델타 로켓이 있었던 것입니다.

나카노 그러니까 델타 로켓이 시험기와 같은 것이었다고 할 수 있겠군요.

고다이 그렇습니다. N 로켓 전에 미국은 이미 충분히 시험기를 거쳐 왔습니다. 따라서 일본에 왔을 때는 시험적인 발상이 희박해졌던 겁니다. 미국에서 많은 시험을 하고, 실패에 의한 오류를 찾아내는 작업도 끝마친 상태였던 거죠. 이런 의미에서는 기술을 도입한다는 생각에 익숙해져 버려 순수 국산개발이라 해도 진정한 의미에서의 시험기라는 발상이 희박해질 수밖에 없었던 것이죠.

하지만 지금 이야기는 모든 것을 기술도입과 독자 개발의 차이만으로 정리해 버릴 수 있는 문제가 아닙니다. 예산이 없다는 것과 '모처럼의 기회니까 시험기를 사용하자'는 발상이 그 원인이니까요. 저도 기회가 있다면 가능한 한 시험기를 사용하려 합니다만, 이런 생각을 외부에 제대로 설명해야 하는 거죠. 일본에서 얼마나 로켓의 수가 적은지는 외국과의 비교표를 보면 바로 알 수 있습니다. 하지만 예산을 편성하는 논리로 볼 때는 "시험기는 왜 필요한가? 왜 시험기가 2기, 3기나 필요한가"라는 집요한 공격을 받게 됩니다.

M(뮤) 로켓에 관한 이야기로 돌아가 보죠. 핼리혜성이 접근한 85년 8월에 우주과학연구소가 M-3SII로 탐사기를 발사했습니다. 이것도 탐사기 발사를 한 경험은 없지만, 어찌됐건 시험기로 해 보자고 해서 탑재했고 결국 이것이 제대로 무사히 진행된 것입니다. 그 후에는 핼리혜성 이야기가 점점 구체화되어 성공했기 때문에 문제가 없었습니다만, 정말로 시험적이었습니다. 미국의 초기 때처럼 '어찌됐던 한번 해보자'는 것이었습니다. 하지만 이런 비밀스런 시험도 지금은 불가능하게 되었습니다. 단, 시험발사는 절대로 필요합니다.

나카노 그 부분이 정말 중요한 것이라고 생각합니다. 그것이 원점이 아닐까요?

고다이 저는 H-II 2호기까지 했습니다. 3호기는 발사 예정일이나 시간이 엄청나게 연기되었지만 정말로 완벽했습니다. 하지만, "잘됐다, 우리나라에서 개발한 로켓이 올라갔다. 정말 잘 됐다"고 생각하는 한편으로 지금까지 해 온 시스템의 어딘가에 큰 오류는 없었는지 생각해 보게 되었습니다. 시험기이면서 실용기이기도 한 모순을 알고 있었고, '욕조 곡선(Bathtub Curve)'의 구석에 위치한 상황이니까 모든 것의 품질이 안정되어 있는 단계까지는 도달하지 못한 상황이기도 하고, 시험을 마치지 못한 곳은 어딜까 등등, 여러 가지를 궁리했습니다. 어디까지 여유가 있을까라는 정도까지는 생각할 수 없는 단계였습니다. 단지 개발 시에 임기응변으로 제품화시킨 곳도 있으니까, 언제나 그 부분에는 주의를 기울이고 있었습니다. 하지만 그런 부분은 모두가 주시하고 있으니까 문제는 일어나지 않습니다.

그러니까 예를 들면 아리안 1호기가 발사 직후에 대폭발을 일으켰습니다만, 저는 우리가 그런 것을 꼭 경험해야 했다고 생각합니다. 아리안 V의 대폭발은 뭐라고 할까, 이렇게 말하면 이상하겠지만, 멋지지 않습니까? 실패했을 때는 몹시 괴롭지만, 일본인은 역시 그런 것을 통해 배우지 않으면 안 된다고 생각합니다. 다만 로켓 한 기 한 기의 승부는 어떻게 해서든지 대실패를 하고 싶지 않습니다.

하지만 일본에서 걱정스러운 것은 사회적 허용량이 전혀 없다는 것입니다. 예를 들면 물리적인 이야기인데요, 다네가시마는 아주 협소하죠. 거기서 뭔가 대형 사고를 일어나면 회복이 엄청 힘들 것입니다. 다른 나라라면 2년 내에 회복할 것을 5년이나 6년이 걸릴 겁니다. 어쩌면 일본에서는 발사할 수 없게 될 수도 있습니다. '왜 일본에서 이런 로켓을 개발하지 않으면 안 되는가'라는 논의까지 발전할 우려조차 있습니다.

폭발이 있다고 해도 로켓 사고는 발사장에서 떨어진 곳에서 일어나야 한다는 것이 제가 항상 염려하는 바입니다. 챌린저, 아리안 V, 텔타 III 등은 발사장 근처에서 사고를 일으켰고, 중국의 장정로켓은 발사장 장소도 나빴기 때문에 많은 사상자를 냈습니다. 이러한 의미에서도 여유가 있는 발사장을 준비해 두었으면 합니다. 1기의 로켓발사 실패로 몇 년씩이나 우주개발이 정지되어 버리니까요.

나카노 그렇습니다. 지금 일본은 H-II 8호기 사고만으로 우주개발 전체가 정지한 것과 같은 상태니까요. 로켓만이 우주개발은 아니지만 그런 부분의 이해를 구할 수가 없습니다. 어떻게 된 건지 이 나라는 수상의 정책 결여, 정치인의 실책, 경제정책의 실패에 대해서는 소리 높여 책임을 묻지 않으면서 과학기술에 대해서는 과잉 반응을 보입니다.

하지만 조금 전의 시험기의 발상이 희미해진 것이나, 회복이 곤란한 풍토나, 아이디어 경쟁을 인정하지 않는 회계감사, 그리고 사회에 만연해 있는 성공신화 등 이것저것을 생각하면, 이 나라는 정말로 도전하기 어려운 조건을 모두 갖춘 느낌입니다. 일본인은 도전적인 것을 싫어하게 된 것일까요?

고다이 저는 H-II 개발이 끝난 뒤에 "이제 대형 프로젝트 개발은 진절머리가 납니다. 일본에서는 절대로 안 됩니다. 더 이상은 하지 않겠습니다"라고 말했습니다. 그랬더니 "고다이 씨는 처음 개발할 때부터 그렇게 말하지 않았습니까?"라는 얘기를 들었습니다. 저도 그래 놓고서는 또 새로운 프로젝트를 하고 싶어집니다. 역시 '세 살 버릇 여든까지'라는 말이 떠오르더군요. 저 자신을 예로 들었습니다만, 저도 처음에는 '더 이상 일본에서는 도전정신이 없단 말인가'라고 생각한 적이 있습니다. 하지만 그렇지 않습니다. 일본인이 반드시 도전을 싫어하게 된 것은 아니라고 생각합니다. 야구선수 이치로나 신조 등이 엄청난 인기지 않습니까? 이건 자신은 지금 할 수 없지만, 무언가를 향해서 정진해 가는 것에는 모두들 공감하기 때문이라고 생각합니다. 저는 원래 그리 야구를 좋아하지 않았는데 이치로가 처음에 나왔을 때 그의 시합만큼은 보러 가고 싶었습니다. 이렇게 생각한 사람이 많지 않을 까요?

나카노 그렇습니다. 노모의 인기도 그런 도전정신에 있었죠. 자신의 길을 자신의 힘으로 개척해 가는 모습에 모두가 성원을 보냈던 것입니다. 저는 저희 집 아이들에게 야구만은 하지 말라고 하고 있습니다. 재미로 하는 건 괜찮지만.

고다이 일본야구 말씀하시는 거죠?

나카노 그렇습니다. 그런 집단주의 속에 들어가서는 안 된다는 얘기죠. 그런 것은 일본의 군대와 똑같다고 말합니다. 무조건 폼을 바로 잡으려고 하면서 개성을 말살시키려고 하죠.

고다이 그런 데에서 노모 같은 선수가 배출된 것이지요. 하지만 그들도 뛰쳐나왔습니다. 게다가 돈으로 선수를 모은 구단이 우승하는 식의 야구에 모두들 싫증을 느끼고 있을 겁니다. 이런 때에 퍼포먼스의 달인이라 불리던 신조도 뛰쳐나왔습니다. 그런 것에 재미를 느껴 응원하는 사람은 꽤 늘었습니다. 옛날 같으면 "저 녀석 뭐야?"라고 했을지도 모르죠. 아마도 감독 등은 지금도 그렇게 생각하겠죠.

나카노 그렇죠. 선수를 장기알의 하나라는 식으로 얘기하는 것은 참 어이없죠. 기껏해야 야구, 기껏해야 게임이니까요.

고다이 그러니까 모두가 반드시 이상한 것은 아닙니다. 도전정신에 매력을 느끼지 않는 것은 아니라고 생각합니다.

나카노 말씀하신대로 입니다. 개인적으로는 결코 도전적인 자세나 '열의'가 없는 것은 아닙니다. 하지만 그것을 적극적으로 표출하는 일이 없는 것일지도 모르겠습니다. 그리고 전체로서의 반응이라고 할지, 적극적으로 표출하지 않는 분위기가 표면을 덮고 있으니까, '열의'가 없는 것처럼 보이는 것이죠. 실은 어딘가 깊숙한 곳에는 그것이 있을 겁니다. 이는 자민당 총재 선거에서 확실히 나왔습니다. 그렇게 정치에 무관심하다 할지, 완전히 흥미를 잃은 것처럼 보였던 일반시민이 지방당원 투표에서는 놀랄 정도로 큰 관심을 보여주었으니까요. 자신들이 투표할 수 있는 것도 아니면서 고이즈미 씨의 가두연설에는 엄청나게 사람들이 몰려들었습니다. '깊숙한 곳'에 있던 것이 표면으로 분출된 느낌을 받았습니다.

그러고 보니 그 총재 선거 보도 가운데 재미있는 이야기가 있었습니다. 어느 대학교수가 뉴스 프로그램에서 "정치계가 세상 흐름에 훨씬 뒤쳐져 있다고 하는데, 실제로는 이렇게 정치에 대해 말하고 있는 우리나 언론 관계자도 언제부턴가 뒤쳐지기 시작한 것 아닐까요? 실은 국민이 훨씬 더 앞서가고 있는 건 아닐까요?" 라는 의미의 말을 했습니다. 정치 일선을 드나드는 사이에 그런 사람들까지 세상의 흐름과는 다른 쪽을 보게 된 것은 아니냐는 뜻이죠.

저는 그 말이 맞다고 생각합니다. 뉴스에서 정치 이야기를 하면 전 의원 비서나 베테랑 신문기자가 나와서 정치 이면의 얘기를 해설하지 않습니까? 누가 누구를 방해하고 있다던가 어느 파벌이 어떻게 했다던가. 하지만 저희가 바라는 바는 실은 그런 게 아닙니다. 좀 더 깨끗하고 활기 있는 정치라고 할까요, 민주주의의 가장 기본 말입니다.

하지만 언론은 정치계에 출입하는 사이에 일반시민의 '깊숙한 부분'에서 멀어져 버리는 것이 아닐까요? 고이즈미정권이 들어서고 국회가 시작된 지 얼마 지나지 않아서의 일입니다만, 신문 투고란에 'TV는 쓸 데 없는 해설하지 말고 국회토론만 방송해 줬으면 좋겠다'는 의견이 있었습니다만, 지적한 그대로 국민이 훨씬 앞선 거죠. 때 묻은 해설 같은 건 필요 없다는 말이지요. 미디어가 '깊은 곳'에 있는 것을 제대로 파악하지 못하고 있다고 할까, 인식의 차이가 있는 건 아닐까요?

고다이 국민 대다수는 그렇게 생각할 겁니다.

나카노 로켓이나 위성실패를 '수백억 엔이 우주 쓰레기로' 라고 비난하는 것도 그 연장선 상에 있는 것이 아닐까 생각합니다. 저는 H-II 8호기 후의 우주개발위원회 특별회합에 '잠자는 나무학원'의 미야기 마리코 씨의 코멘트가 실린 신문사설을 스크랩한 것을 참고자료로 제출했습니다.

고다이 미야기 씨 이야기는 저도 신문에서 읽었습니다.

나카노 H-II5호기는 통신방송기술위성인 COMETS(Communications and Broadcasting Engineering Test Satellite)를 발사했습니다만, 제2단인 LE-5A 엔진의 고장으로 정지궤도에

투입되지 못했습니다. '450억 엔이 우주 쓰레기로'라고 많은 미디어가 보도를 했습니다. 이런 가운데 어느 신문이 미야기 마리코 씨에게 코멘트를 부탁했던 것입니다. 문장의 전후 관계로 봐서 '그런 막대한 자금을 낭비하고'라던가 '그 돈을 복지에 사용했다면'이란 대답을 기대하고 있었을 겁니다. 하지만 미야기 씨는 "장래를 위해 국민을 위해 수고하고 계시잖아요, 실패도 있을 수 있죠"라는 의미의 말을 하셨습니다. 유치하다고 말할지도 모르겠지만, 이것이 '깊숙한 부분'에 있는 목소리 아닐까요? 그렇게 생각하는 국민은 꽤 있을 것으로 생각합니다. 전부가 '450억 엔이 우주 쓰레기'가 되었다고 생각하지는 않습니다. 여기에 언론매체의 오해가 있는 것 같습니다. 게다가 COMETS는 예정했던 정지궤도에 오르지는 못했지만 궤도를 변경해서 타원형인 준회귀 궤도에 들어갔습니다. 그 궤도에서 예정하지 않았던 통신실험을 거듭했습니다. 이것이 이번의 'i-Space' 계획의 중심이 된 '준천정 위성시스템'이죠. 이것이야말로 '실패는 성공의 어머니'가 아닐까요? 저는 우주개발사업단이나 관계 연구기관이 이러한 부분을 적극적으로 어필해 이해를 얻어내야 한다고 봅니다. 좀 더 적극적으로 설명하지 않으면 일이 진행되지 않습니다.

고다이　맞습니다. 실패할 때마다 점점 나쁜 방향으로만 가버리니까요. 이런 의미에서 우주개발의 상황, 사고, 사회와의 관계, 외국과의 비교 등을 끊임없이 국민에게 전달하는 보도 담당자를 하루 빨리 둘 것을 주장했습니다. 개성 있는 사람을 밖으로 내세우라는 말입니다. 이번에 겨우 보도관 역할을 둔다고 하는데요. '보도관'보다는 조금 더 친근감이 가는 이름을 썼으면 하는 바람입니다.

나카노 조금 전의 이야기로 돌아갑니다만, 미야기 마리코 씨 같은 사람들이 아직 있다고 생각합니다. 하지만 우주개발뿐 아니라 일본 과학기술계는 이런 사람들의 응원 위에서 안주하고 있었습니다. 유가와 히데키(湯川秀樹)가 노벨상을 받았을 때, 일본인들은 크게 흥분했습니다. 전쟁에 지고, 생활도 가난하고, 아무것도 없는 사회에서 그것은 일본사람들에게 가장 밝은 뉴스였습니다. 외국에 대해 자신감을 가질 수 있게 된 것입니다. IGY(International Geographical Year, 국제지구관측년)에 참가한 소야(宗谷, 남극관측선-역자주)나 남극월동대 때에도 그랬습니다.

하지만 유가와 히데키의 중간자 이론이나 니시보리 에사부로(西堀榮三郎) 선생의 업적을 이해한 일본인은 얼마 되지 않을 겁니다. 그런 부분이야 사실 아무래도 상관없는 것이지요. 어두웠던 일본사회에서 일본인으로서의 자긍심을 가져다 준 과학자들에게 모두가 박수를 치며 응원한 것입니다. 저는 철이 들었을 때 어머니로부터 해가 뜨고 질 때마다 '유가와 히데키는 훌륭한 사람이다, 니시보리 에사부로는 훌륭한 사람이다'라는 말을 들었습니다. 많이 배우지 못한 어머니는 그들이 왜 어디가 훌륭한지는 몰랐지만, 그래도 상관없었던 것입니다. 도카이무라에 있는 일본원자력연구소의 JPDR(동력시험로)

가 처음으로 전력을 생산했을 때도 그렇습니다. 어쨌든 일본인은 과학기술에 박수를 보내고 과학자를 존경했습니다.

하지만 언제부터인지 모르게 과학자나 기술자의 모습이 보이지 않게 되었습니다. 재미있는 연구나 개발이 있어도 실제로 그것을 해 낸 사람의 모습이 보이지 않고 목소리가 들려오지 않게 된 것입니다. 연구가 바쁜 건지 하나하나 국민들에게 설명을 해봤자 모를 거라고 생각하는 건지, 아니면 대장성만 이해해 준다면 연구예산이 나온다고 생각하는 건지 모르겠지만, 밖으로 표출되는 것은 조직의 얼굴과 조직의 목소리뿐입니다. 보이지 않는 응원 위에서의 노력을 등한시한 것입니다. 이래서는 '깊숙한 부분'에서 응원해 주는 사람도 떠나가게 될 것입니다.

19세기 전반의 과학자 패러데이가 아이들을 상대로 계속 강의를 했던 것처럼 연구자와 기술자 스스로가 더욱 더 밖으로 나가지 않으면 안 됩니다. 조직이 아니라 개인입니다. 그러니까 명칭은 둘째 치더라도 '보도관'을 둔다면 이런 부분을 신중히 생각해야만 합니다.

고다이 우주개발 같은 프로젝트의 경우도 마찬가지입니다. 물론 어디나 큰 조직이 있는 것처럼 보이지만 역시 사람이 개입되어 있습니다. 그리고 '누구누구가 이렇게 했더니 잘 되지 않았지만, 다시 이렇게 했더니 잘 되었다'는 식의 이야기가 많이 있습니다. 이런 이야기에는 많은 사람들이 흥미를 가집니다. TV 프로그램인 경우에는 시청자도 자신의 일에 비추어 생각합니다. 그야말로 고생스러웠던 옛 시절을 떠올리며, '그때는 엄청났지'라고 회상합니다. 그래서 눈물을 흘리고 감격하면서 봐 주거나 하는 것 아닙니까? 이러한 부분이 정말로 중요한 것입니다.

그런데 NASDA가 기업에게 위탁한 프로젝트에서는 여기저 기에 관련된 사람이 논문을 정리하려 합니다. 그러면 혼자서 논문을 써도 회사 이름만 밖으로 드러나지 개인은 밖으로 드 러나지 않습니다. 이름을 낼 때에도 실제로 작성한 사람 위에 회사 높은 사람 이름이 들어가고 그 가장 위에 사업단에서 비 용을 배분해 준, 이른 바 담당자의 이름이 들어가게 됩니다. 언젠가 이러한 문서를 봤을 때 "뭐야 이거? 담당자가 비용을 댄 건 아니잖아"라고 말한 적이 있는데 일본은 아직도 이런 문화가 있습니다. 연구 발표라는 것은 사실 '개인'의 작품입니 다. 이런 개인의 이야기조차도 희미해지고 '모두가 했다, 사 이좋게 해냈다'는 식으로 전부 바뀌어져 버립니다.

나카노 실제로 한 사람이 전면에 나서지 않고 다른 사람들과 같은 선 까지 물러서는 것이 미덕이 되어 있습니다. 마치 초등학교의 '모두 힘을 합쳐서 노력하자'는 이야기죠.

고다이 그것은 초등학교나 중학교의 슬로건입니다. 적어도 우주개발 정도는 이러한 것을 돌파하지 않으면 안 되죠. 그러한 풍조가 이학(理學)에서는 별로 없습니다만, 공학이나 기술에서는 아 직 많습니다.

나카노 하지만 정부부처의 냄새가 풍긴다고나 할까, 관료적 집단이 되어 가고 있는 NASDA에서 '개인'을 내세우는 것이 가능할까요? 일본의 정부조직이란 것은 '개인을 내세우지 않는 것'에 대해서는 세계 최고수준의 기술을 가진 것 같아 걱정입니다. '개인'을 내세우지 않으면 도전의 싹도 자라기 어려워져버리니까요.

고다이 저는 사업단에 있을 때 자주 그 안에서 "관료화 되어 가고 있네요"라던가 "이미 관료화 되었군요"란 말을 했습니다. 그러면 관료 출신 사람들은 "관료화 관료화 하시는데, 관료가 나쁩니까?"라고 반문을 하죠. 그러려면 "관료 중에도 좋은 관료와 나쁜 관료가 있지요. 하지만 일반적으로 '관료화'라고 할 때는 좋은 뜻의 관료라는 말은 아니겠지요?"라고 대답했습니다. 물론 사업단에는 균형 감각을 가지고 큰 관점에서 사물을 보는 관료 출신들도 많긴 합니다만.

나카노 지금 노트북으로 쇼가쿠칸에서 나온 사전을 찾아보니 '관료주의'는 '상급자에 대해서는 약하고, 하급자나 외부사람에 대해서는 국가의 권위를 배경으로 해서 건방지거나 독선적이거나 획일적인 것. 조직 내부에서는 역할이나 임무의 범위 내에서 벗어나지 않고 일을 처리하려고 하며, 책임을 애매하게 하는 태도와 기풍 등'이라고 나와 있습니다. '관료적'이란 '일반적으로 상대의 의향이나 입장을 무시한 형식적, 권위주의적인 태도 경향을 말한다'라고 되어 있습니다. 좋은 의미는 하나도 없는 것 같습니다.

고다이 그 다음 이야기를 해드리죠. 저는 "관료화된다는 것은 이른바 경직된다는 것을 의미하니까, 역시 관료화라는 것은 개발과는 어울리지 않는다. 다만 관료와 관료화는 다르다"고 말했습니다. 왜냐하면 경직된 조직에서 도전적 개발 같은 것은 있을 수 없기 때문입니다. 창조한다든가 개척한다든가, '실패는 성공의 어머니'와 같은 사례는 나오지 않게 됩니다.

나카노 쪼그라든 이번 우주개발정책대강·개선안이 바로 그런 경우입니다. 도전적인 색채가 거의 퇴색되어 있으니까요. 그런데 확실히 사업단에는 정부부처의 냄새가 납니다만, 고다이 씨가 조금 전에 잠시 언급하신 ETS-Ⅶ(오리히메·히코보시)의 기술시험을 담당했던 오다 씨는 훌륭하게 난관을 돌파해 낸 인물이 아니었던가요?

고다이 그렇죠. 오다 씨는 그것을 이루어 낸 전형이죠. 다만 그때까지 사업단에서는 '이단아'였습니다만, 앞으로는 주류가 되어 주기를 바라고 있죠.

나카노 오리히메와 히코보시의 도킹 실험은 구상 그 자체가 도전적이었는데, 그 후에도 대단했습니다. 왜냐하면 두 개의 위성을 자동으로 도킹시키는 것 자체가 세계에서는 처음 있는 일이었으니까요.

그런데 그 후 오리히메의 슬러스터가 고장 나는 어처구니없는 해프닝이 발생했습니다. 그래도 용케 이 문제를 잘 극복하고 여러 가지 실험을 해 냈습니다. 마지막 운용 시에는 저도 입회했습니다만, 지상의 조종기로 500킬로미터 상공의 로봇팔을 조작할 때는 흥분했습니다. 로봇팔 끝에 달려 있는 카메라를 통해서 암흑의 우주공간이 보였을 때에는 가슴이 뛰었습니다.

고다이 정말로 획기적이었습니다. 거기다가 고장 났을 때 이를 복구하는 기술도 훌륭했습니다. 슬러스터의 가스제트가 있는 부분이 계속 상태가 좋지 않아 꽤 어려움을 겪었습니다. 상당히 어려워서 제대로 회복될 것 같지도 않았습니다. 결국 이 가스제트는 사용하지 않기로 했지요. 그런데 그 상태 그대로라면 제어할 수 없잖아요. 그래서 오다 씨 등이 지상에서 위성에 탑재되어 있는 컴퓨터의 소프트웨어를 전부 바꿔 버렸습니다. 그리고 남겨진 기능을 사용해서 실험을 계속했습니다. '기술시험위성 ETS니까 무엇을 해도 된다, 뭐든지 괜찮다'고 하면 어폐가 있습니다만, 용케도 잘 해냈습니다. 거기까지 가는데 엄청난 공부를 했고, 맹렬하게 연구했습니다. 결과적으로 거의 90점 정도는 점수를 따내지 않았을까요? 여러 상황을 플러스 부분과 마이너스 쪽을 감안해서 제대로 연구한 결과입니다.

나카노 저는 그 시험을 하고 있을 때의 분위기가 좋다고 생각했습니다. NASA의 데이터 중계위성과의 교신 타이밍이나 ETS-Ⅶ가 지구로 돌아오는 타이밍을 확인하면서 오다 씨가 "자, 해보자, 돌아왔다"고 하면서 시험을 개시하고, 모두가 잘 해보자는 기세로 각자 맡은 장소로 가는 장면 등은 정말로 활기가 넘쳤습니다. 아주 좋은 분위기라고 진심으로 생각했습니다.

고다이 그런 모습, 참 좋죠?

나카노 시험이 시작되니까 모두들 긴장한 상황이었는데요, ETS-Ⅶ
가 비행하고 40분 정도 지났을 때 이번엔 오다 씨가 "자, 쉽
시다"라고 하니까 모두들 신이 나서 복도로 나가더군요. 그러
더니 콜라 캔을 들고 바깥 잔디밭에서 편안히 휴식을 취하는
겁니다.

고다이 그렇죠. 모두들 그런 분위기에서 일하는 것이 좋습니다.

나카노 이것이 원래 기술자나 연구자의 분위기입니다. 너무 신경이
곤두서 있지 않으면서도 도전적인 분위기의 시험이었습니다.

고다이 그렇습니다. 옛날에는 어디를 가도 그런 분위기가 꽤 있었는
데, 요즘은 그런 분위기가 사라지고 있다고 할까요. 이상하게
도 모두들 자신을 억누르는 부분이 있지 않습니까? 최근에는
말이죠.

나카노 ETS-Ⅶ이 재미있었던 것은 도킹 대성공에서 슬러스터의 고
장, 복구, 그리고 또 시험의 연속이라고 하는 파란만장 그 자
체였기 때문입니다. 그 이상이라고 하기에는 조금 의미가 다
릅니다만, 오다 씨가 사업단 홈페이지에 쉬지 않고 올렸던
'M·Oda의 일기' 말인데요, 그건 정말 훌륭했습니다.

고다이 그는 미디어 관계자들에게 이를 통해서 항상 뭔가 설명하거
나 하면서 노력했었지요.

나카노 실제로 '세계 최초의 도킹'을 할 때 미디어는 거의 눈길을 주
지 않았습니다. 오다 씨는 과학기술에 관해서는 덮어놓고 싫
어하는 언론매체에 대해서 어떻게든 실험의 진면목을 알리기
위해서 여러 궁리를 했던 거죠. 정말로 재미있는 일기였습니

다. 도킹이 잘 되었을 때의 기쁨이나 문제에 빠졌을 때의 힘 빠진 모습이 저한테도 전해져 왔습니다. 또 문장이 아주 좋습니다. 저는 처음 무렵부터 계속해서 일기를 봐 왔습니다만, 연구자 자신이 그런 문장을 누구나 쉽게 읽을 수 있는 곳에 발표하는 것이 아주 중요하다고 생각합니다. 계속 그 일기를 써야 했던 쪽은 엄청나게 힘들었을 것 같습니다만, 그러한 것에 의해 일반인들 사이에 있는 '깊숙한 부분'의 목소리가 표면으로 나오게 됩니다.

고다이 아니, 일반인들뿐만 아니라 조직 안에서도 주변 사람들이 점점 변하게 됩니다. 응원해야 합니다.

나카노 한번은 오다 씨의 홈페이지에 재미있는 일화가 소개되어 있었습니다. ETS-Ⅶ의 로봇팔을 조작하는 시험은 당연한 얘기지만 쓰쿠바우주센터에 있는 시험실의 조종기로 합니다.

고다이 우주비행사인 와카다 씨가 시험한 조종기죠.?

나카노 그렇습니다. 그 조종기에 대해 갖가지 시험을 진행할 때였는데요, 아마 조금 여유가 있을 때였을 겁니다. 프로그램을 좀 바꾸거나 해서 조종기 대신에 소니 플레이스테이션 조이스틱을 연결했던 겁니다. 그러면 물론 기능은 제한되지만 그럭저럭 움직이지요. 이 이야기를 홈페이지에 올리고는 "소니한테서 금일봉이 나와도 좋을 것 같습니다"라고 덧붙이더군요. 정말로 "호기심 왕성한 사람이구나" 하고 탄복했습니다.
실제로 연구자나 기술자 중에는 이러한 성격의 소유자가 많을 것 같습니다. 사업단에도 한 꺼풀만 벗기면 연예인 같은 독특한 인물이 많이 있지 않습니까? 우주과학연구소에도 그러한 독특한 성격의 소유자투성이입니다. 사업단을 봐도 우주과학연구소를 봐도 이 정도의 연예인 집단은 그렇게 많지 않습니다. 하지만 사업단의 경우, 이러한 사람들이 어떻게 된 영문인지 표면으로 나오지를 않습니다.

고다이 역시 사업단의 경우 통신, 기상, 방송위성을 요청한 대로 개발해서 그것을 발사하고, 이를 모두 그룹의 성과이자 모두의 성과로 만들어 버리는 경향이 있죠. 개인을 그다지 외부에 노출시키지 않는 거죠. 이런 부분은 우주과학연구소와 다른 부분입니다. 이 부분만이 아주 기업적으로 되어 있는 거죠.

제가 사업단에 있을 때, 쓰쿠바우주센터 안에서 가능하면 세계에서 다섯 손가락 안에 들어가는 전문가 개인이나 연구실을 배출하려고 했습니다. 이렇게 하기 위해서는 지금까지의 '개인을 죽이는 문화'를 변혁할 필요가 있다고 생각했습니다. 예를 들면 연구실에서 쓰는 모자에 개인 이름이 나오게 한다거나, 학회나 다른 모임에서라도 "저 사람은 일본에서 첫째 또는 둘째, 세계적으로도 유명한 전문가"라고 존경받도록 하려고 했습니다.

지금까지는 '매몰 그룹형'이라 할 수 있습니다. 개인의 얼굴이 보이지 않습니다. 프로젝트를 하게 되면 아무래도 그렇게 되어 버리는 것일까요? 일본사회에서는 기회만 있으면 반드시 조직이 나섭니다. 무언가 문제가 생겼을 때도 조직에서 보고서를 내고, 모두들 그렇게 희석되어 버리죠. 역시 개인의 뭐랄까 '인간다운 면'이 나오도록 해야만 합니다.

나카노 노모나 이치로나 신조를 응원하는 사람은 그들 개인의 도전
에 공감하는 것이지, 팀의 승패는 둘째 문제입니다. 그뿐 아
니라 그들이 메이저리그의 어느 팀에 소속되어 있는가도 사
실상 아무런 상관없습니다. '개인의 도전'에 기대하는 것이죠.

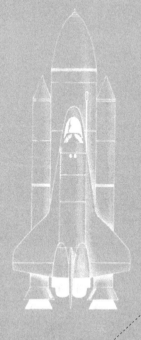

6

실패의 교훈

[최대의 벽 · 나쁜 문화]

나카노 고다이 씨는 평소 '힘내라'라던가 '분발하자'는 말을 싫어하시죠? 상당히 의식적으로 '힘내라'는 말을 하지 않으려고 신경 쓰시는 것 같습니다.

고다이 특히 발사 시에 '힘내라'라고 하는 것은 긴장에 긴장을 얹어주는 것과 같습니다. 모두들 틀리지 않고 실수하지 않기 위한 자세를 유지하느라고 긴장합니다. 그러니까 그 이상으로 '힘내라'고 하면 생각지도 않은 행동을 해버리는 사람도 있습니다. 예를 들면 스위치 같은 것이 많지 않습니까? 이러한 기기류의 버튼을 누를 때에 평상시에는 잘 하던 것을 생각지도 않게 실수하게 됩니다. 버튼을 너무 세게 눌러 원위치로 돌아오지 않게 된다거나 하는 일이 생기는 거죠. 사람에 따라서는 그런 정도로 긴장을 합니다. 물론 긴장하지 않는 사람도 있죠. 그래서 저는 항상 평소의 마음가짐으로 평상시처럼 하라고 합니다.

나카노 그렇습니다. 긴장하지 말라고 하는 것이 무리일 정도로 긴장하게 되죠.

고다이 그렇죠. 모두들 긴장합니다. 그럴 때 좀 더 분발하라고 하면, 더 이상 어쩌란 말인지…. 이렇게 생각하시면 될 것 같습니다. 올림픽에 나간 대표 선수는 어떨까요? 그런 말에 신경 쓰지 않고 자기 페이스를 지키겠지요. "힘내라"고 하면 "예, 열심히 하겠습니다"고 합니다만, 달리 할 말이 없으니까 어쩔 수 없이 하는 것이 아닌가 생각합니다. 정말 '힘내라'라고 하는 것은 어떤 의미일까요?

나카노 힘쓰다(頑張る)를 사전에서 찾아보면 '자신의 생각을 무리하게라도 관철시키려고 하다'에서 왔다거나 하는 여러 가지 실명이 있습니다. 근데 '곤란에 굴하지 않고 계속 노력하다'라는 좋은 의미도 있습니다만, '자신의 생각을 밀어 붙이다. 완고하게 고집을 부리다'처럼 별로 좋지 않은 의미도 꽤 많습니다. 이렇게 보면 '힘내라' 라는 말은 어딘가 '이번에 실패하면 용서하지 않겠다'는 말과 비슷한 의미가 있는 것 같군요.

고다이 그렇습니다. '용서하지 않겠다'라는 말을 들어도, 우리는 국민의 세금을 쓰고 있으니까 반론은 할 수 없긴 하죠. 다만 모두가 게으름을 피우거나 기운이 빠져 있을 때라면 뭐라 말을 하기는 해야 하지요. 하지만 모두 최선을 다하는 상황에서 그런 말을 너무 많이 들으면 그 때문에 마이너스의 악순환이 되어 분위기가 좋아지지 않게 되지요. 자칫하면 위축됩니다. 본래 '이번에 실패하면'이라고 해도 확률적으로는 실패의 가능성이 있는 것이고, 세계 도처에서 90%다 95%다라고 하는 가운데, '우리는 95%'라고 으스대는 상황이니까요.

나카노' 힘내라'는 말도, '용서하지 않겠다'도 항상 100%를 추구하는 것으로 이 분야에서는 어울리지 않는 말이네요.

고다이 기술자에게 힘내라고 하는 것은 스포츠 선수에게 말하는 것과는 다르다고 생각합니다.

나카노 그래서 고다이 씨는 '평상심'을 강조하는 군요.

고다이 모두의 긴장을 풀어 주는 것이 저의 가장 중요한 기본과제였습니다. 저 자신은 발사 전에도 긴장하지 않습니다. 윗사람이 긴장하고 있으면 모두에게 전염되어 버립니다. 언젠가 다네가시마에서 야마네 씨와 만났을 때였어요. 야마네 씨는 '발사 전이니까 모두들 뭔가 대단히 중요한 것을 하고 있을 테고, 나도 엄청난 일을 하고 있을 것'이라고 생각했다고 합니다. 하지만 제가 미국에서 막 사온 애플사의 휴대기기를 만지작거리고 있으니까 놀랐고, 그 다음 이야기가 맘 편하게 진행된 적도 있었습니다.

나카노 그럴 때의 '평상심'이란 다시 말하면 영어에서 말하는 'easy'로군요. 제대로 침착하게 하라던가 천천히 신중히라고 할 때 'easy'라고 말하잖아요. 이미 긴장상태에 있으니까 '침착하게 긴장을 풀고'라는 의미이겠군요. 그러고 보니 아폴로 13호가 연료전지 탱크 폭발로 심각한 문제에 봉착했을 때, 발사 책임자 짐 크랜츠가 대응책에 착수할 때 관제실의 스태프들이 침착하고 냉정해지게끔 하기 위해 'calm'이라던가 'cool'이란 말을 몇 번이나 사용했죠. '힘내서 하자'는 아니었네요.

고다이 '평상심'도 그러한 의미입니다. 하지만 더욱 좋은 단어가 있으면 좋겠습니다. 나카노 씨는 검도를 하고 계시지요? 무사도에는 뭔가 그 비슷한 말은 없습니까?

나카노 글쎄요. 미야모토 무사시의 '오륜서(五輪書)'를 자주 읽습니다만, 별로 그런 표현은 없는 것 같습니다. 오류서는 보통 추상적인 가르침이 쓰인 줄 아는데, 실은 그렇지 않습니다. 발바닥의 어디에 체중을 실어 시선을 어디에 두는가, 칼을 어떻게 내려쳐서 상대를 베는가, 적이 좌우에 있을 때는 어떻게 해야 하는가처럼 구체적입니다. 그러니까 '힘내라'는 말과 결부될 말은 없다고 생각합니다.

그리고 아이들을 자주 대외 시합에 데리고 갑니다만, 생각해 보면 시합 전에는 거의 '힘내라'는 말을 하지 않습니다. 정신적인 중압감을 느끼지 않을까 해서입니다. 아이들은 말 한마디에 얼굴이 딱딱하게 굳어져 버리니까요. 이것도 '힘내라'와 비슷하다고 생각합니다만, '기합을 넣어라'라는 것도 저는 개인적으로는 좋아하지 않습니다. 그런 마음가짐 같은 것은 자기 안에서 생겨나는 것으로 누가 말한다고 해서 어떻게 되는 것이 아니니까요. 그보다 "괜찮아, 괜찮아"라고 말하는 적이 많을 겁니다. 'take it easy'죠. 그리고 보니 호구를 착용할 때 머리에 두르는 수건에는 '평상심'이라는 큰 글자가 수놓아져 있습니다.

고다이 다네가시마 발사대 쪽에 선물해 주시면 좋겠네요. 전원이 머리띠를 두르는 것은 사극 같아서 우습겠지만, 인테리어로 장식하는 건 괜찮지 않을까요?

나카노 좋은 생각이군요. 몇 개 선물하죠. 그것 때문에 실수가 줄어든다면 아주 싼 값이죠.

고다이 '힘내라'와 직접 관계는 없지만, 저는 전부터 분위기가 발사

성공률에 영향을 주는 것이 아닐까 생각했습니다. 그래서 증명할 수 있는 사례가 없을까 궁리했는데, 재미있는 이야기를 들었습니다. 자위대는 일본 내에서는 미사일 발사훈련을 할 수 없기 때문에 미국에서 하잖아요. 이 발사훈련 역시 상관관계가 있답니다. 지휘관이 긴장해서 신경이 곤두서 있으면 적중률이 나쁘다고 하네요. 왜 그런지는 모르겠지만 말입니다.

나카노 확실히 발사 책임자가 긴장해서 신경이 곤두서 있는 상태에서, 그럴 때 모두에게 '힘내라'고 하게 되면 성공률이 떨어질지도 모르겠네요. 이것은 올림픽 같은 데서 엄청나게 기대를 모으던 선수가 뚜껑을 열어보니 메달을 놓치고, 무명 선수가 금메달을 따는 것과 어딘가 비슷하군요.

고다이 정말 그럴지도 모르겠네요. 기대를 한 몸에 받는다는 심리적 중압감 속에 만약 더욱 힘을 낼 수 있다면 그거야말로 대단한 것이겠지요.

그게 좋은 쪽으로 발휘되는 것이, 화재현장에서 괴력을 보여주는 소방관의 예가 될 수 있겠네요. 그런 심리적인 중압감을 힘으로 잘 바꿔서 실력 이상의 힘을 내는 사람이 있으니까요. 하지만 로켓 발사 전의 정비작업 같은 건 순간적인 괴력을 내야 하는 것이 아니거든요. 역시 베테랑이 확실하게 일을 하고, 주변 사람들도 그에 따라서 제대로 일 하는 것이 아주 중요합니다.

나카노 제가 처음으로 다네가시마에 갔던 것이 N-II 로켓의 마지막 단계였는지 H-I 로켓의 초기 단계였는지 잘 기억이 안 납니다만, 다치바나 씨(유명 저술가－역자주)도 와 계실 때였어요. 그 때 한 번은 발사가 연기되어서 다음날 저녁인가에 다시 시작하기로 되어 있었습니다만, 카운트다운이 200 즈음 되었을 때 또다시 발사가 연기되었습니다.

그래서 해 저물 무렵에 기자회견이 있었습니다. 다케사키 발사장에 아직 콘크리트로 지은 건물이 남아있을 때였죠. 이 건물에서 발사 책임자와 다른 담당자들이 나와서 상황설명을 했습니다. 밸브의 빙결이 발사 연기 이유라는 것이었습니다. 기자회견이 대략 끝나고 모두들 돌아갔는데요, 저랑 다치바나 씨는 남았죠. 각자 다른 출판사의 일로 왔던 것인데 월간지 원고라서 신문이나 TV처럼 속보성을 추구하는 것이 아니기에 시간적 여유가 있었던 것입니다. 그래서 기자회견을 끝내고 자료를 정리하던 책임자와 또 한 분이 있는 곳으로 가서, 진짜 이유가 무엇인지 물어보았습니다. 아마 다치바나 씨가 질문했던 것 같은데요, 그 질문에 사업단 사람은 이렇게 대답하더군요.

"밸브의 빙결은 틀림없이 있었습니다만, 사실 그건 그럭저럭 해결되었습니다. 그 보다도 발사 직전이 되면 제가 관제실 안을 돌면서 제어데스크에 있는 직원 한 사람 한 사람에게 말을 걸거든요. 그런데 그 때 조금 다른 반응이 왔던 겁니다. 편하게 말을 걸면 언제나 활달하게 대답을 해주는 친구가 평상시와 다른 겁니다. 대답하는 모습이 뭔가 달랐습니다. 이 친구가 이러니까 뭔가 일이 있을 거라 생각했습니다만, 그 때 바로 판단하면 안 된다는 생각에 조금 시간을 두고 책임자들끼리 모여서 논의했습니다. 그 결과 발사를 연기하기로 결정했습니다."

저는 이 이야기를 듣고 참 괜찮은 결정을 했다고 생각했습니다. 연기의 진짜 이유에 대해서는 조금 발표하기 어려운 내용이겠지만, 이런 것이 현명한 판단이지요. 이 사실은 전혀 발표되지 않았고, 사업단 사람들도 모르는 일입니다.

고다이 사실 이런 이야기는 거의 기록에 남지 않지요. 요즘은 특히 그럴 것 같은데요, 이런 걸 말해 버리면 큰 문제가 되는 경우도 있습니다.

나카노 그렇죠. 이런 이야기는 밖으로 내보내기 대단히 어려운 문제일 겁니다. 하지만 조금 전 얘기했던 '개인과 조직'의 문제가 아니더라도 이렇게 인간다운 부분이랄까, 거대한 개발사업이라 해도 '사람이 하는 일이다'라는 것이 전해져야 한다고 생각합니다. 그러지 않으면, '과학기술이 무엇인지, 기술개발이란 무엇인지'에 대해 사회로부터 이해를 얻어내기 어렵지 않을까요? 결과적으로 '과학기술 같은 건 일본의 어딘가에서 착실하게 진행되고 있으니까 그냥 내버려 둬도 일본의 기술은 세계 톱'이라는 잘못된 인식으로 연결된다고 생각합니다.

조금 이야기가 비약된 인상을 줄지도 모르겠습니다만, 일본제 컴퓨터의 TV광고에 멜로디와 함께 인텔의 상표가 나오잖아요. 그것은 일본 인텔이 고안한 것이라고 하는데요, 일제 컴퓨터가 어쩌고 일본의 반도체기술이 어쩌고 하면서도 중추인 CPU는 미국이 꽉 쥐고 있음을 증명하는 것이지요.

고다이 개인용 PC에는 거의 대부분 들어 있잖아요.

나카노 이 광고를 모두 별관심 없이 보면서, '일본의 기술이 세계 톱'이라고 믿고 있다면 그것은 무지로 인한 '교만'입니다. 그야말로 벌거숭이 임금님이 되어 버립니다. 아니, 벌써 그런 임금님이 되었다고 봅니다. 위험하죠. 역시 사회 일반에 좀 더 '과학기술과 기술 개발은 사람이 하는 것이다, 그대로 내버려 두어도 알아서 성장하는 것이 아니다'라는 것을 알리지 않으면 안 됩니다.

근데 이런 감각은 이미 정부부처에도 만연되어 있습니다. 기상위성 같은 걸 보고 있으면 그런 생각이 듭니다. 사람이 하는 일이니까 문제도 생길 수 있다. 만일의 경우도 있을 수 있다고 하는 '위태로움'에 대한 감각이 희박하다고 생각합니다. 예비기를 준비하지 않는다는 사실은 관리들에게 이런 감각이 결여되어 있다는 반증이기도 합니다. 기본적으로 기술시험위성은 예비기를 준비하지 않는다고 하지만, 그토록 소중한 기상위성조차 예비기를 준비하지 않으니까요.

고다이 사실은 그것도 예산 문제죠. 예산이 없기 때문에 생기는 문제입니다. 실용위성으로는 통신위성, 방송위성, 기상위성이 트리오인데 거의 미국에서 기술개발 된 것이고, 기술의 성숙도는 위성에 따라 다릅니다. 통신위성은 미국에서 기술도입이 이루어졌으며, 이미 성숙 단계에 있기 때문에 기술적으로도 그리 어렵지 않습니다. 게다가 NTT는 자금력이 있으니까 반드시 위성을 2대 만듭니다. 기술이 안정되어 있고 백업도 있으니까 별로 걱정하지 않아도 되는 겁니다.

방송위성은 지상 전파의 중계점이 됩니다만, 직접 방송을 하므로 출력이 통신위성의 10배입니다. 일본이 최초로 해낸 것입니다만 이러한 고출력 중계기는 개발 중인 기술이기 때문에 문제가 많았습니다. 그래서 NHK도 실용화하기 위해서 2기 체제를 가동했습니다. 그래도 중계기가 생각만큼 잘 움직여주지 않았고, 다른 고장도 겹쳐서 아슬아슬한 시기가 이어졌습니다. 미국에서의 예비위성 발사가 실패한 적도 있습니다. 이제는 안정된 상태지요. 문제는 기상청의 기상위성입니다. 상급 기관인 운수성이 자금을 가지고 있습니다만, 기상청은 예산이 없고 운수성에서도 자금을 주지 않습니다. 가장 자금이 부족한 정부부처였습니다.

나카노 하지만 기상청도 그렇고 기상위성은 우리가 가장 자주 접하는 것들이죠. 위성 히마와리가 보내주는 정보에 꽤 많은 도움을 받는 것도 사실이고요.

고다이 그렇죠. 가장 자주 접하기 때문에 이것이 멈추게 되면 모두들 곤란해지죠. 하지만 기상청에는 자금이 없습니다. 옛날에는 백엽상 하나와 사람의 힘으로 기상 데이터를 모아서 등압선을 손으로 그리는 식으로 전근대적인 기상예보를 했습니다만 이제는 기상위성과 아메다스(AMeDAS, 기상관측시스템), 그리고 나중에는 슈퍼컴퓨터까지 도입하여 기상예보 체제를 크게 변화시켰습니다. 요즘 표현대로 하면 구조 개혁입니다. 기술혁신에 의해 변혁이 가능했습니다만, 이 같은 혁신은 상당히 힘든 것이었습니다. 이러한 상태다 보니까 자금이 없어서 도저히 위성을 2대씩이나 만들 수 없었던 겁니다. 기상위성은 비교적 저렴한 편인데도 말이죠.

나카노 기상위성에만 들어가는 뭔가 특별한 기능이 필요한가요?

고다이 관측기능이 중요한데요, 이 부분은 일제가 아닙니다. 세계적으로도 그렇게 수요가 많지 않습니다. 아더 클라크의 정지위성 논리대로 하자면 지구상공 3만 6000킬로미터에 3개 위성이 있으면 세계 도처를 감시할 수 있으니까요. 이렇게 되면 일본의 히마와리로 아시아와 오세아니아아를, 미국이 남북아메리카를, 유럽이 유럽을 포함한 아프리카까지 관측할 수 있습니다. 게다가 공짜로 사용할 수 있기 때문에 국제적으로도 상당히 공헌도가 크지요. 지금 실제로 떠 있는 위성은 3개보다 많지만 그렇다고 몇 십 개씩 쏘아 올리는 건 아닙니다. 개발도 그리 어렵지는 않습니다. 자금만 있으면 되는데, 기상청에는 그러한 자금이 없기 때문에 1대에 의지하고 있는 겁니다. 그 당시의 기상위성이란 것은 기계적인 시스템으로 지상의 구름을 관측하는 정도였습니다. 망원경으로 보는 것이지요. 미러를 움직여 가면서 지표를 스캔해서 관측합니다. 이 때 윤활제 상태가 나빠서 미러 움직임이 뻑뻑해지면 히마와리 화상에 줄무늬가 생기거나 새하얗게 되어 버립니다. 미러가 움직이지 않게 되면 끝장입니다. 최악의 사태까지는 가지 않았지만 항상 아슬아슬한 상황이었지요. 하지만 이런 사정이 거의 알려지지 않은 채로 언제 고장 날지 모르는 조마조마한 마음으로 계속 줄타기를 하는 느낌입니다.

나카노　그런 시기가 있었던 거군요?

고다이　중요하니까, 국민생활에 이만큼 공헌하고 있으니까 여기에 자금을 투입하자고 해보았자 그런 논리는 잘 먹히질 않습니다. 그래서 운수 다목적 위성으로 발전되었습니다. 파이를 키워서 운수행정, 항공기 관제나 다양한 목적의 기능을 끼워서 파는 다목적 위성으로 만든 것인데, 내부 상당 부분이 기상위성으로서의 기능을 가진 거죠. 단독으로 가기에는 자금이 없으니까 그렇게 해서 자금을 모았던 것입니다. 그것이 8호기였는데, 유감스럽게도 실패로 끝나고 말았습니다.

나카노　이것저것 끼워 팔지 않으면 자금을 만들 수 없고, 예산을 딸 수 없는 것이 너무 아쉽군요. 본래는 하나의 목적에 하나의 위성을 사용해야 하죠.

고다이　일본은 가난한 나라는 아닌데도 그렇게는 안 되더군요.

나카노　과학기술에 관해선 가난한 나라인 것 같습니다.

고다이　예비기든 무엇이든 예산을 따는 것이 상당히 어렵습니다. 그러니까 위성을 만들 때에는 '이번 기회에 이것도 하고 저것도 하자'는 식이 되어 점점 커지고 복잡해지면서 가격도 오르게 됩니다. 이렇게 되면 예비기를 만들 여유가 없어집니다. 하물며 기술시험을 위해 예비기 부분까지 예산을 달라는 것은 터무니없는 이야기가 되어 버립니다.

나카노　그렇죠. 제가 우주개발위원회의 계획조정부회에 있을 때, '예비기 정도는 만들어야 한다'고 했더니 옆에 있던 방송관계 위원이 "나카노 씨, 기본적으로 기술시험위성에 예비기는 없습니다"라고 하더군요. 그래서 "예, 알고 있습니다. 알고 있으니까 말하는 겁니다"라고 대답했습니다. 모두가 뭐랄까, 이 궁핍한 상황에 너무 익숙해져 있더군요. 체념하고 있는 거겠죠. 참고로 히마와리는 얼마 정도 합니까?

고다이 백 수십억 엔 정도 할 겁니다.

나카노 똑같은 것을 2개 만든다고 해서 가격이 2배가 되지는 않죠. 그러니까 가령 예비기가 필요하지 않더라도 버스 부분은 다른 위성으로 유용하는 것은 가능하지 않을 까요?

고다이 거기에 대해서는 몇 가지 생각이 있는데, 우선 2개 모두 발사해서 예비기를 궤도상에 올려놓는 방법이 있습니다. 하나가 안 되면 바로 다른 것으로 대체하는 방법입니다. 통신위성 같은 것에는 이러한 방법을 잘 씁니다. 비즈니스는 '계속'이 생명이니까요. 이것보다 조금 더 절약하는 방법을 생각하면 예비기를 지상에 두고 뭔가 문제가 있을 경우에 이것을 쏘아 올리는 것입니다. 좀 더 절약한다고 생각하면 예비기의 중요한 부분만 지상에 준비해 두고, 비상 시에 이것을 다른 기기에 붙여서 서둘러 만드는 조금 이상한 방법이 있습니다. 하지만 기상위성의 경우, 이러한 비용조차 없습니다. 정말 딱하죠. 저희도 끊임없이 예비기는 필요하다고 말합니다만…. 미국의 기상위성이 파손되어 곤란에 처했을 때, 수명이 다한 히마와리가 아직 궤도를 날고 있었기 때문에 이것을 빌려달라는 요청이 온 적이 있습니다. 갑작스런 고장이 발생하는 것은 일본만이 아니거든요.

나카노 어느 날 갑자기 히마와리가 기능을 정지해 버리는 것이 가장 좋은 해결책이 아닐까요? 일반인들 사이에서 반드시 불평불만이 나오게 될 겁니다. 이러한 목소리가 크게 끓어 오르지 않으면 정부는 움직이지 않을 것입니다.

예비기의 예산 문제인데요, 통신종합연구소의 이다 나오시 소장과 이야기 하는 중에 웃어버린 적이 있습니다. 최근 들어서는 연구자 쪽에서도 자금 없는 상황에 그냥 익숙해져 버려서 '이정도 밖에 예산이 없다'고 하면 그 부족한 예산으로 분발해서 만들어 버린다고 합니다. 어차피 부탁해도 안 될 게 뻔 하니까, 여기 저기 삭감해서 무리해서 만드는 겁니다. 그러면 정부부처에서는 '뭐야 이 정도 액수로도 할 수 있었던 거잖아' 하고 또 예산을 삭감하려 든답니다. 무리를 해서 만든 것이라서 원래 하고 싶었던 실험도 제한한 것인데, 그런 사실 따위는 상관하지 않습니다. 정부부처는 얘기를 들어주려고도 않죠. 그러다가 아주 드물게 예비기의 예산이 나오게 됩니다. 그러면 연구자들은 모처럼 나온 자금이고 이런 기회는 더 이상 없을지도 모른다고 생각해서 예비기를 만드는 게 아니라 다른 것을 하려고 합니다. 모두들 궁핍함에 너무 익숙해져 있습니다. 비참하지요.

고다이 그 정도로 가난한 나라였나요?

나카노 나라 전체로 보자면 확실히 가난하지는 않습니다. 토목공사와 같은 공공사업 예산은 있습니다. 하지만 과학기술에 대해서는 궁핍합니다.

저는 기술은 확실히 진보해 갈 것이라고 생각합니다. 환경조건이랄까 개발의 현장을 둘러싼 환경에 의해 그 속도는 다를지도 모릅니다만, 확실히 진보하리라 봅니다. 겁 없는 이야기일지 모르겠습니다만 설령 큰 문제나 벽에 부딪혀도 언젠가 해결책은 발견되고, 기술적으로 극복할 수 있으리라 봅니다.

하지만 문제는 환경조건이 아닐까요? '환경'이라 하면 애매하지만, 구체적으로 말하면 회사나 사업단과 같은 조직이 가진 사고방식입니다. '사풍(社風)'과는 조금 다르고, 좋은 표현이 생각나지 않습니다만, 시스템이나 문화 같은 것입니다. 기술적인 문제는 노력과 아이디어의 축적으로 극복될 것으로 봅니다만, '문화'가 제약이 될 수도 있지 않을까 생각합니다. 외부인이 트집 잡는 것처럼 들릴 수도 있겠지만, H-II 8호기의 사고 후의 흐름을 보면서 절실히 느꼈습니다.

무슨 말이냐 하면, 8호기의 문제는 정말 냉정한 입장에서 보면 LE-7 엔진에 있었던 겁니다. 하지만 사고 후의 흐름을 보고 있으면 엔진 문제에서 메이커의 문제, 메이커와 우주개발 사업단의 관계 문제, 일본의 우주개발 체제의 문제, 일본의 우주개발 정책의 문제, 이런 식으로 점점 커져 갔습니다. 저는 이 자체는 좋은 것이라고 봅니다. 하지만 그럴 때마다, 이런 문제에 대해 심의하기 위한 위원회나 회의가 편성됩니다. 이것은 참 엄청난 숫자입니다. 거기에 위원회가 열릴 때마다 엔진개발을 담당했던 기술자나 사업단 사람이 줄줄이 불려옵니다. 그리고 위원회가 끝남과 동시에 위원이 한 질문이나 의문에 대한 산더미 같은 문서를 준비합니다.

고다이　물론 여러 가지 일이 있었습니다. 실패한 것은 틀림없는 사실이고, 체제 등에도 많은 문제가 있습니다. 저 자신은 이번 기회를 통해 개혁을 이루어낼 수 있으면 좋겠다고 생각했습니다. 하지만 정부부처는 위원회를 많이 만들었습니다. 문제는 이들 사이에 중복이 있었고, 연관성이 별로 없다는 것입니다. 사업단에서도 '만들라'는 지시에 의해 어쨌든 보고서만 만들어댔습니다. 그래서 제가 참지 못하고 반론한 적이 있습니다. "이런 식으로 하면 위원님들이 지적하시는 '페이퍼 엔지니어'만 점점 늘어나고 결국 그런 사람만 남게 된다. 이 이상 더 어쩌라는 얘기냐"고 말이지요.

나카노　그렇습니다. 조사 담당 위원회를 만드는 것은 필요합니다. 거기서 나온 의문점에 대해서 담당자가 답하는 것도, 나중에 조사해서 문서로 정리해 보고하는 것도 필요합니다.

하지만 궁극적으로 지향하는 것은 사고가 일어나지 않도록 하는 일입니다. 이를 위해서는 조금 전부터 고다이 씨가 계속 말씀하신 것처럼 '로켓엔진은 자동차엔진과는 달리, 아직 모르는 부분이 많다'는 것을 인정해야겠지요. 이를 해결하기 위해서는 발사회수를 늘릴 수 밖에 없습니다. 그러나 슈퍼301조 때문에 얘기가 그렇게 간단하지는 않습니다. 문제는 여기에 집약됩니다. 그런데 이 근간 부분은 다루지 않고 조직개혁

타령만 하며 2차적인 문제만을 보려 합니다. 그리고 2차적인 문제들을 위해 또 위원회를 만듭니다. 그리고 메이커도 사업단도 보고서 작성이 주된 일거리로 변한 겁니다. 옆에서 보고 있자면 어이가 없습니다.

고다이 위원회나 회합에서 나오는 의견 중에 좋은 제안도 있기 때문에 그 자체는 나쁘지 않습니다. 하지만 문제는 너무 많은 위원회를 만들었다는 것이지요.

나카노 사업단의 체제나 개발에서 기업과의 관계 같은 건 2~3년 전에 NASA나 ESA의 전문가나 일본의 지식인들에게 위탁했고, 거기에 조사반까지 조직해서 상당히 장기간의 조사와 평가검토를 했잖아요. 이것은 사업단이 한 것입니다. 저도 이 보고서를 읽었는데 객관성 있는 좋은 내용이었다고 봅니다. 사업단이 안고 있는 문제점도 꽤 단도직입적으로 다루고 있었거든요.

그런데도 8호기 사고 후 또 비슷한 위원회를 사업단의 내부에 만든다는 건, 옥상옥을 짓는 일이나 마찬가지입니다. 또 새로운 보고서를 작성하는 일만 늘어나는 것이죠.

고다이 그 조사는 독자적으로 한 평가이죠. 저도 그것은 좋았다고 봅니다. 하지만 '실패가 있었으니까 이런 위원회를 만들어라 저런 위원회를 만들어라'는 요청이 정부부처나 상부와의 관계에서 계속해서 오는 겁니다. 그렇게 되면….

나카노 그런 요청이 옵니까?

고다이 네.

나카노   그럼 NASA나 ESA도 참가해서 만든 보고서의 의미는 무엇
이었습니까? 그 내용에 따라 대응책을 마련하려 할 때, 문제
가 생겨서 또 위원회를 만들었다, 상부의 지시 때문에 만들게
되었다는 것이군요. 이래서는 어떤 해결책도 나오지 않습니
다. 위원회를 만드는 것이 해결책이 아니라 해결책을 실행하
는 것이 중요합니다. 그런데 그럴 시간도 없습니다. 왠지 반
성 모임만 거듭하다가 막상 공부할 시간은 없어진 학교 같군
요.

고다이   그러니까 '열매(実)'가 없어지는 겁니다. 그래서 제가 사업단
에게 '페이퍼 엔지니어'만 점점 늘어나게 된다고 말한 것입니
다.

나카노   그런 것들이 기술적인 해결책을 모색하기 위한 시간이랄까,
연구시간을 빼앗아 버리는 것이군요.

고다이   명백히 시간을 빼앗고 있습니다.

나카노   그렇게 '페이퍼 엔지니어화'되고, 기술집단으로서의 조직문제
가 되면 또 이것을 논의하기 위해 위원회가 설치되고…. 심각
한 악순환이군요. 회의 많은 회사일수록 망할 가능성이 높다
는 말이 있는 것처럼, 그런 상태가 되어 버린 것이군요.

고다이   그렇죠. 그러니까 가능한 한 회의를 줄이자고 해서 효율적으
로 통합하려고 합니다. 하지만 그래도 자꾸 그런 식으로 '만
들어라, 만들어라'는 말이 들려옵니다.

나카노   그것이 나쁜 문화 아닐까요? 점보제트 엔진에 기능장애가 발
견되었는데 대책회의를 열어 항공수송 문제를 논의하거나,

운항회사의 경상문제를 논의하고 바람직한 운송시스템이 무엇이냐를 논의하는 것과 같은 꼴입니다. 그래서는 아무리 시간이 지나도 핵심에 접근하지 못합니다. 문제의 근본에까지 손이 미치지 못하는 거죠. 기능장애 부분을 수리하고 싶어도 못하는 채로 '정론'에 휘둘려 버리는 것이죠.

이것이 일본 조직의 나쁜 문화입니다. 근본에 있는 문제가 복잡할 때는 이것을 피해서 변죽만 울립니다. 우주개발에는 슈퍼301조처럼 어쩔 도리가 없는 문제가 있습니다. 이것을 잘 해결하면 로켓엔진 기술을 성숙시킬 수 있습니다. 하지만 이런 문제는 전혀 언급하지 않고 변죽만 울리고 시간을 허비하고 있습니다.

정부기관이 만드는 위원회에 관해 저희들은 또 하나 의문이 있습니다. 3년 전이었던 것으로 기억하는데요, 앞으로의 수송계에 관한 연구개발을 검토하기 위해서 우주개발위원회 계획조정부회가 '수송계 평가 분과회'를 설치했습니다. 고다이 씨와 제가 계획조정부회의 위원이었을 때이죠. 그 때 분과회에서 올라 온 평가보고서를 보고 제가 회의장에서 비판한 것을 기억하시나요? H-II 로켓의 평가 가운데 '국제협력이 결여되어 있다'는 의견이 있었기 때문입니다.

고다이   기억합니다. '미국의 영향에서 어떻게 빠져 나올 수 있는가'가 H-II 개발에서의 국가 기본방침으로, 여기에 힘을 쏟던 상황이었잖아요.

나카노   저는 그 의견을 듣고 조금 놀랐습니다. H-II는 자주적인 기술을 획득하는 것이 목적이기도 했으므로 국제협력은 명백하게 그 취지에 반합니다. 이러한 기본적인 취지를 이해하지 못하는 위원이 앞으로의 연구개발 평가라는 중요한 작업에 참가하고 있다는 사실이 놀라울 뿐이었습니다. 물론 그것은 일부 의견이었고, 종합평가에는 별로 영향을 미치지 않았습니다.

고다이 저도 그 분과회에서 무척 실망한 것이 있습니다. '3개의 EX'라고 할까, 실제로 우주 왕래 기술을 실험하고 데이터를 수집하는 비행실험에 대한 평가가 너무 낮았다는 것입니다. 이것은 오렉스(OREX)라는 궤도에서의 재돌입 실험, 하이플렉스(HYFLEX)라는 작은 날개로 컨트롤하면서 하는 재돌입실험, 알플렉스(ALFLEX)라는 무인 자동 착륙 실험입니다.

이들 모두 항공우주기술연구소와 사업단이 협력해서 많은 연구자, 기술자가 수년간에 걸친 노력 끝에 이룩한 것입니다. 각각 성격은 다릅니다만, NASA보다도 먼저 '더 좋게, 더 빠르게, 더 저렴하게(Better, Faster, Cheaper)'라는 슬로건으로 훌륭한 성과를 거두었던 것입니다. 이 정도라면 일본판 스페이스셔틀도 기술적으로는 실현할 수 있다고 평가되었던, 일본의 우주개발 관계에 자신감을 부여한 프로젝트였지요.

그러나 밀도 높은 기술개발이라서 설명할 시간이 별로 없었던 이유도 있었지만 위원들은 그런 사실을 몰랐고, 아무리 그렇다 하더라도 평가가 너무 낮았습니다. 이 때는 세상에서도 '기초연구뿐 아니라 기술개발도 평가를 해야 한다'는 요구가 강하게 나오기 시작한 시기였습니다.

나카노　저는 '3개의 EX' 연구개발이 시작되는 것을 항공우주기술연구소 측에서 보고 있었습니다. 벌써 10년 전쯤 되었나요. 항공우주기술연구소의 일각에서 사업단과의 합동팀이 발족했습니다.

그런데 연구에 관한 평가라는 것은 어떤 타이밍에서 하는 것인가요? 요즘은 평가만 하는 것 같습니다만.

고다이　말씀하신 대로 무엇이든 평가하는 시대입니다. 평가라는 것은 크게 나누어 사전평가와 사후평가 2가지가 있습니다. 연구와 개발을 시작할 때 다양한 시점에서 보면서, 시작할 가치가 있는가? 제대로 준비는 되어 있는가? 등을 조사하는 것이 사전평가입니다. 끝난 후에, 어떠한 성과가 나왔고 목표에 대해 좋은 결과가 나왔는가를 묻는 것이 사후평가입니다. 그 외에도 계획 도중의 고비 마다, 앞으로 더 진행할 의미가 있는지 어떤지, 그만두는 편이 나은지 등을 검토하기 위한 중간평가도 가끔씩 있습니다.

확실히 말씀드립니다만, 평가는 아주 중요합니다. 이것을 통과하지 못한다면 그 계획은 문제가 있다고 할 수 있겠죠. 단 이것은 제대로 된 사람들이 제대로 된 평가를 했을 경우의 이야기입니다. 수송계 평가분과회는 처음으로 평가라는 '흉내내기'를 했습니다만, 사전평가와 사후평가가 뒤섞이고 페이퍼워크도 종합 실험도 뒤범벅이었습니다. 그리고 놀라웠던 것은 위원 분들의 인기투표였습니다. 흔히 있는 설문조사 같은 것이었습니다.

나카노 항목별 평가표 말씀하시는 것이군요. 알고 있습니다. 5단계 평가와 평가근거를 기입하는 식이었죠?

고다이 그렇습니다. 이 설문조사 같은 평가의 결과, '스페이스 플레인 구상 연구'가 가장 좋은 점수를 받고, '3개의 EX'는 뒷전이었습니다. 스페이스 플레인 연구는 이 쪽 길을 가는 사람이라면 일주일만 주면 혼자서 만들어 낼 수도 있습니다. 하지만 3개의 EX는 많은 연구자가 엄청나게 노력한 결과입니다. 알플렉스는 대형 헬리콥터에 실험기를 매달아서 1500미터 높이에서 낙하시켜, 자동 조종으로 직활강처럼 공중을 활공하면서 활주로에 착륙하는 가슴 떨리는 실험이었습니다.

호주원주민 연구가이기도 한 나카노 씨는 잘 아시겠지만, 사막 한 가운데 어디를 봐도 검붉은 수평선뿐인 호주 우메라 사막에서 몇 십 명의 연구자가 반년이나 공동생활을 해가면서 마침내 성공시킨 것이 96년이었습니다. 그 때 비행한 기체가 미타카의 항공우주기술연구소에 전시되어 있습니다. 저는 이것을 볼 때마다 혹시나 실패했을 때 어떻게 대응할지를 궁리하면서 현지에 갔을 때의 정경이 떠오릅니다.

나카노 평가라는 것은 정말로 책임이 무거워서 아주 신경 쓰이는 작업입니다. 각각의 사람들이 열심히 해 온 연구를 제3자가 채점하는 것이나 마찬가지니까요. 저도 항공우주기술연구소의 신프로젝트 발족 평가위원을 한 적이 있습니다만 참 힘들더군요. 항공기로서의 실용화까지의 시간을 생각하면 A가 좋다, 지금까지 미지의 부분은 있지만 연구의 독자성을 생각하면 B가 좋다, 가까운 장래 산업계에의 파급효과는 A가 가지고 있다, 하지만 도전적인 것은 B일 것이다 등등 평가위원 전원이 머리를 맞대고 고민했습니다.

모두 전문가들이므로 연구자에 대해서도 잘 알고 있고, 프로젝트 제안에 이르기까지의 연구도 어느 정도 이해하고 있었습니다. 뿐만 아니라 어느 쪽 기술이든 실용화되면 확실하게 수요를 창출할 것이라고 기대할 수 있었던 상황이었지요. 이런 가운데 우선순위를 정하지 않으면 안 되었기 때문에 제3자로서 평가한다는 것은 주제 넘는다는 느낌이라고나 할까, 아무튼 힘들었습니다.

앞으로 연구 평가는 큰 문제가 될 것으로 봅니다. 국가 연구 기관이 독립행정법인으로 이행하면 외부 위원에 의한 평가를 받는 일이 많아질 것입니다. 그랬을 때는 조금 전 '3개의 EX' 정도는 아니더라도, 예를 들어 이해가 부족한 위원이 평가에 들어갔을 때 비전문가에게 인기 있는 테마처럼 알기 쉽고 화려한 테마는 'O', 중요도는 높지만 복잡하고 알기 어려운 테마는 '×'가 되어 버릴 가능성도 배제할 수 없습니다.

이것과 연관된 문제인데요. 위원회에서 어떤 문제나 프로젝트에 대해 심의할 때 그 분야에 있어 전문가만으로는 우물 안 개구리 같은 논의가 되어버리기 때문에, 외부인사가 참여하는 것이 중요하다고 봅니다.

하지만 개인적인 예를 드는 것 같아 죄송합니다만, 전문성 여부와 관계없이 문제를 이해하지 못하는 사람이나 아예 관심이 없는 사람을 숫자나 맞추기 위해 넣는 것은 어떻게 봐야 할까요? 어차피 정부기관은 그저 '폭넓은 사회 각 분야의 목소리를 들었다'는 사실을 만들어 내기 위해서 그런 심의회를 엽니다. 이런 식으로는 정당한 반대 의견도 나오지 않습니다. 하물며 연구나 기술개발 평가 작업의 경우, 이해 부족이나 무지에서 생기는 안이한 판단이 중요한 연구를 좌우해 버릴 수도 있죠. 이것도 나쁜 문화의 하나입니다.

기술문제는 과학기술의 약진(breakthrough)이 이루어지면 극복 가능하다고 봅니다. 하지만 핵심을 피하려는 조직문화나 관공서문화는 어지간한 노력으로는 극복할 수 없는 문제입니다. 저는 이것이 언젠가 치명상으로 작용하리라 봅니다.

고다이　저도 그것을 두려워하고 있습니다.

나카노　개발연구를 업무로 하는 부문이나 조직으로서는 아주 감당하기 어려운 상황입니다. 저는 우주개발사업단 외에 우주과학연구소나 항공우주기술연구소, 거기에 통신종합연구소 같은 곳의 연구자들과 빈번하게 메일을 주고받습니다. 물론 업무상 다른 여러 연구기관과도 연락을 주고받습니다만, 이런 우주 관계기관의 정보화는 아주 훌륭합니다. 웹상에서 화상정보까지 전송하면서 회의를 하거나 홋카이도나 센다이, 교토 그리고 제가 참가하여 온라인으로 연구회의 문서를 같이 읽는 등 아무튼 편리합니다. 이러한 가운데서도 사업단은 특히 앞서 나가고 있습니다. 그래서 항상 우주개발이나 통신연구를 하는 곳은 꽤 오래 전부터 IT화가 시작되었다는 점에 대해서는 감탄하고 있습니다.

하지만 이런 기관들이 변죽을 울리는 회의와 페이퍼워크 같은 나쁜 문화에 휘둘리는 것은 정말 슬픈 일입니다. 만약 민간 엔지니어링회사가 이 정도의 정보시스템을 보유하고서도 아직껏 회의와 페이퍼워크에 시간을 빼앗기고 있다면 상당한 피해를 보는 셈이라고 판단할 수 있을 것입니다.

고다이 기업이라면 파산하겠지요. 정보시스템 문제는 한때 뒤처져 있다는 말을 들은 적도 있습니다만, 정보단말이나 LAN 정비도 다른 곳과 비교하면 엄청나게 앞서고 있습니다. 그래도 우리들은 더욱 앞서 나가기를 바라면서 이것저것 시도하고 있습니다만, 외부와 연결되는 부분도 있어서 좀처럼 잘 되질 않습니다. 저는 사업단도 창립한지 이제 30년이 넘었으니까, 이쯤에서 이런 안팎의 속박을 포함하여 과감하게 '리셋'을 하면 좋을 것 같습니다. 하지만 이런 개혁이 반드시 잘 될 것이라는 보장은 없지요.

나카노 그렇기 때문에 안 하는 거죠, 그저 현상유지. 하지만 이 문제는 일본의 모든 조직이 고민해야 할 문제인 것만큼은 사실입니다.

저는 우주항공산업은 지식집약형으로, 다른 어떤 산업보다도 광범위한 저변을 가지고 있다고 생각합니다. 미국처럼 대규모이어야 할 필요도 없고, 또 군사적 수요가 없는 일본에서는 그런 형태로 되지도 않겠지만 어떻게든 우주산업을 '리딩 히터(leading hitter)'로 육성함으로써 다른 산업으로의 파급효과가 생길 것이라는 생각입니다.

그러나 종적인 정부기관에서는 이처럼 횡단적인 '그랜드 디자인'이 나오지 않을 겁니다. 나노테크가 주목을 받으면 나노테크로 몰리고, 바이오가 주목을 모으면 그쪽으로 달려듭니다. 이제는 하나의 분야만으로 산업이 성립한다고는 생각할 수 없습니다. 그러니까 보잉 같은 회사도 나노테크나 통신을 하나로 묶은 우주산업으로 비중을 옮긴 것이겠지요.

거기에 비하면 일본의 우주산업은 소규모입니다만, 훌륭하게 산업으로서의 결과도 내고 있습니다. H-II 로켓 2단에 탑재한 LE-5A 엔진을 보잉 등이 몇 십 기나 구입하고 싶다고 타진해 왔다는 사실은 이것을 잘 보여준다고 봅니다. 그런데도 내각의 법제국은 '군사'에 이용될 우려가 있다고 해서 수출을 인정하지 않았습니다. 일본제 비디오카메라의 CCD가 걸프전쟁의 미사일에 사용되고 있는데도 상업위성 발사용 엔진 수출은 인정하지 않는다는 것은 말이 안 되죠.

요즘은 '이것은 군사용 저것은 민생용' 등으로 선을 긋는 것이 불가능합니다. 컴퓨터든 센서든 모든 민생용, 군사용 기술은 적용범위가 중복됩니다. 이것을 몇 십 년이나 지난 옛날 기준으로 판단하니까 일제 가전제품 기술이 무기로 채용되어도 아무런 대책 없이 말도 못 하는 것입니다. 그러면서도 '로켓 엔진'이라는 사실만으로 바로 군용과 연결시키는 것은 기준이 완전히 어긋나 있다고 밖에 볼 수 없습니다.

일본정부가 '일본 기술이 군사용으로 사용되고 있다고 해도,

그것은 아주 일부의 작은 부품에 불과하다'고 해명해 봤자 세계의 어느 나라도 인정하지 않을 겁니다. 부품이 크고 작은 문제는 냉장고와 CPU를 비교하는 것과 같습니다. 그저 웃음거리가 될 뿐입니다. 30년 전 40년 전 발상이죠. 그런 변명은 세계로부터 창피만 당할 뿐입니다. '큰 부품은 안 되지만 작은 부품은 괜찮지 않을까'라는 건 내용을 무시힌 염치없는 발상입니다.

그러기 보다는 외국에 수출하거나 공여하는 일본기술의 용도에 국가가 당당하게 제한이나 조건을 붙이면 됩니다. 일본도 지금까지 이런 식으로 미국에서 기술을 도입해 왔습니다. 이러한 노력을 하는 것도 정부의 몫이라고 생각합니다. 이렇게 하지 않으면 일본의 산업은 성장하지 못합니다. 하물며 나노테크나 소프트웨어 개발 등 미세, 무형의 기술이 앞으로 점점 더 많이 탄생할 것이므로 지금 상태에서는 모든 것이 자신도 모르는 사이에 군사용이 됩니다. 지금부터라도 제대로 짚어야 합니다.

고다이 이 문제는 평화 목적에 대한 해석이 걸린 부분이니까 정부와 국회의 문제일 겁니다. 사업단이 생겼을 때, 다시 말해서 국가가 우주개발을 하기로 정하고 사업단을 설립했을 때의 이야기입니다만, 당연히 세계의 어느 나라도 공격 무기를 우주에 두어서는 안 된다는 것이 상식이었기 때문에 우주 이용은 '평화 목적'에 한정되어 있습니다. 자위대는 군대가 아니라는 평화헌법을 가진 일본에서는 공격 무기는 당연히 허용되지 않습니다. 이런 의미에서 이 '평화 목적에 한 한다'는 말은 당연한 것입니다. 다만, 68년의 국회심의에서 '평화란 넓은 의미로 비군사를 뜻하는 것이지, 구미(歐美)와 같은 비공격이 아니다'라는 정부 견해가 나왔습니다. 이것이 계속해서 지금까지도 엄격히 지켜지고 있습니다.

왜 이 해석이 문제인가. 특히 우주산업과 관련해서 왜 문제가 되었는가를 말씀드리겠습니다. H-II 개발 초기 무렵이었을 겁니다. H-II의 제2단과 H-I의 제1단을 조립해서 H-II와 H-I의 딱 중간인, 새로운 로켓을 개발하자는 안을 우리가 만들었습니다. 관련 업계도 대단히 의욕이 충만한 상황이었습니다. H-I의 제1단이란 것은 그 근본, 즉 일본이 기술을 도입했을 때의 원형은 델타 로켓입니다. 이 델타 로켓의 미국 최신 버전인 제1단 위에 H-II 순일본 개발 제2단 로켓을 얹는다는 아이디어입니다.

각각 완성된 기술 단계를 조합하는 일이므로 개발비는 적어집니다. 기술적으로도 확실하고, 대당 판매 가격도 싸지며, 세계적으로 수요가 많은 중형위성을 발사하기에는 딱 좋다고 생각했습니다. 일본에서는 바로 개발할 수 있을 것 같지 않았기 때문에 미국이라면 흥미를 가질 것이라고 보고 더글러스, 지금의 보잉에 판매하러 갔습니다. 저도 더글러스 간부를 설득하기 위해서 몇 번을 찾아 갔습니다.

나카노 미국이 필요로 하는 사이즈의 로켓이었군요. 미국은 스페이스셔틀에서 인공위성 운반으로 노선을 바꾸어 중형위성 발사용 로켓 제조를 중지했는데도 챌린저 사고로 상황이 변해서 역시 필요하다는 것을 느끼던 시기였죠. 그 클래스의 로켓은 미국에게는 필요했을 겁니다. 물론 일본에게 있어서도 득이 되는 얘기죠.

고다이 그렇습니다. 일본 입장에서의 이점은 H-II의 제2단이 많이 생산됨으로써 신뢰성이 올라가고, 무엇보다도 선진국 미국에게 '메이드 인 저팬' 로켓을 수출할 수 있게 됨으로써 우주산업의 부흥을 기대할 수 있다는 것입니다. 그리고 중형위성을 발사할 때에도 사용할 수 있다고 봤던 겁니다. 저희는 이 로켓을 H-I과 H-II의 딱 가운데니까 이상한 이름이지만 H-1.5로 불렀습니다. 미국 측에서의 명칭은 델타Ⅲ였습니다.

이야기가 거의 합의 단계까지 갔습니다. 하지만 LE-5A 엔진에 대해서 해결을 볼 수 없었습니다. LE-5A는 NASDA(우주개발사업단) 자금으로 개발되었습니다. 다시 말해서 일본정부 자금으로 개발된 것입니다. 그런데 일본정부 자금으로 개발한 LE-5A 엔진을 GPS위성 발사에 사용한다는 사실이 '평화목적에 반한다'는 것이었습니다.

GPS는 미국 국방성이 발주하는데, 자동차 내비게이션에 많이 이용되고 있습니다. 이것을 평화 목적에 반한다고 한 것이니 너무 심한 해석이라고 생각했습니다. 어쨌든 그렇게 해서 일본산 액산액수 엔진을 수출하려는 계획은 정지되었습니다. 지금 델타Ⅲ 로켓에는 미국제 엔진이 탑재되어 있습니다.

나카노 미국 국방성이 소유한 GPS의 주파수를 일본의 자동차 내비

게이션은 공짜로 사용하고 있고 상당히 광범위하게 보급되어 있습니다. 그런데도 이 GPS위성 발사에 일본의 로켓기술을 더해서는 안 된다는 것은 저는 이해가 되지 않습니다. 게다가 일본은 자동차 내비게이션의 CPU를 미국에서 구입하고 있습니다. 이중삼중으로 이상한 일이죠. 도저히 저는 일본이란 나라의 사고방식을 이해할 수가 없습니다.

그리고 또 하나 이해할 수 없는 것이 있습니다. 아니, 이해할 수 없다기보다는 불만입니다. 왜 슈퍼301조를 극복하기 위한 조치를 취하지 않을까요? 저는 일본이 기술시험위성을 계속해서 만들어야 한다고 보는 입장입니다. 상용위성은 슈퍼301조 덕분에 정면 돌파를 할 수 있을 것 같지 않습니다. 하지만 기술시험위성은 가능합니다. 그렇다면 기술적인 약점을 극복하기 위해 각각의 기술시험에 특화된 위성을 개발해, 그것으로 기술을 연마해야 합니다. 그리고 언젠가는 '시험적 요소는 1%이고 99%는 실용목적'의 성격을 띤 기술시험위성까지 개발해 최대한 기술을 높여 가다 보면 시장에서도 대항할 수 있는 단계까지 갈 수 있을 겁니다. 이러한 노력을 왜 하지 않는 걸까요?

고다이 예산이 부족한 상황에서 기술시험위성을 많이 만들어, 지속적으로 다양한 시험을 하기에는 대형위성보다는 소형위성이 좋습니다. 저는 자주 '대관청(大官廳) 위성'이라고 비꼽니다만, 일본의 재정 규모로는 제대로 된 위성을 몇 개씩 쏘아 올리기는 무리니까 목적에 따라 소형, 중형, 대형위성으로 그 사용을 분리하면 좋지 않을까요? '대형은 2년에 하나, 중형은 1년에 2~3개 이상, 소형은 아주 많이'라는 식으로 말이죠. 대형은 시간을 들여서 제대로 만들고 차분히 관찰을 합니다. 소형위성은 언제든지 계속해서 발사할 수 있도록 준비해 두고, 로켓에 조금이라도 빈자리가 있을 때에는 탑재하는 겁니다. NASDA나 연구소, 대학, 기업 등이 생각한 아이디어로 우주에서 빨리 시험하고 싶을 때에는 그렇게 하는 것이 좋을 겁니다. 제작도 자신들이 하면 됩니다. 많이 시험하면 위성의 고장 사고는 줄게 되고, 관측이나 실험을 신속하게 할 수 있기 때문에 과학기술의 속도에 뒤처지는 일은 없습니다. 중형위성이라고 해도 10년 전을 생각하면 큰 것이지만, 이는 크기뿐만 아니라 개발 방법이나 속도까지 대형과 소형위성의 한가운데라는 생각입니다. 전 여기에 꽤 도전적인 생각이 들어가도 좋다고 봅니다. 전에 말씀드린 우주왕복기의 예비시험을 위해 날린 3개의 EX의 위성판 같은 것이지요. 빠르고 저렴하게 우주에서 시험할 수 있는 위성을 기술개발의 주류로 만들면 좋다고 봅니다. 대형위성을 만들기 전에 많이 시험해 두는 것입니다. 많이 만드니까 당연히 저렴하게 진행할 수 있고, 기술시험뿐 아니라 과학관측, 지구관측 등 어떤 부문에도 사용할 수 있을 겁니다.

이야기가 위성에서 벗어납니다만, 이러한 중형위성을 운반하는 로켓도 개발하면 좋겠습니다. 이 클래스의 위성은 대형 정지위성에 대한 수요가 늘어나는 것과 별도로 다양화라는 방

향으로 나아가고 있습니다. 그런데 이것을 쏘아 올리는 로켓
은 세계적으로 그리 많지 않습니다. 미국, 러시아제 구형 로
켓 정도입니다. 다시 말해서 거의 공백에 가깝기 때문에, 비
즈니스로서 이런 쪽을 목표로 민간이 적극적으로 개발, 투자
해도 된다고 봅니다. 일본의 자동차는 소형차에서 시작해서
지금은 세계에서 중요한 위치를 차지하게 되었고, 여러 종류
의 자동차를 생산하고 있습니다. 이것과 같습니다. H-IIA에
서 작은 로켓까지 라인업이 이루어지면 강해질 겁니다. 이런
부류의 로켓은 노려 볼 만 합니다.

나카노 항공기로 말하자면 120석 규모로 보면 되겠군요.

고다이 그리고 이러한 로켓이나 위성은 반드시 정부가 자금을 투자
해야 하는 것은 아닙니다. 사업계획만 세우면 기업이 계획을
만들어, 자금을 먼저 대고 당장은 자금이 없는 국가가 부분개
발을 한다든가 후불하는 PFI(Private Finance Initiative) 같
은 것도 앞으로의 개발 패턴이 될 것입니다. 리스크가 없는
기존 기술은 민간이, 첨단기술 개발은 국가가 담당해서 공동
보조를 취하는 방안이 중요하고도 바람직합니다. 민간이 정
부로부터 자금을 전부 받아내는 시대는 지나가고 있습니다.
민간도 이해득실을 생각해 우주개발에 투자를 한다면 마음가
짐도 다를 것이고 실패도 줄어들지 않을까요? 최근에는 재정
사정이 좋지 않은 나라에서는 어떻게 하면 민간투자를 끌어
낼 수 있을까에 대한 논의를 자주 하더군요. 우주에 관해서도
이러한 움직임이 나오고 있고, 민간 측도 '좋아! 정부에서도

도와 줄 것 같고, 사업계획도 좋으니까 시작해보자'는 생각을 가질 수 있습니다. 그렇다고 해도 정부기관이 좀처럼 이전에 없던 새로운 시스템은 시작하려 들지 않는 것이 문제입니다.

나카노 이것은 어떤 의미에서는 신산업 창출입니다. 21세기에는 그러한 곳을 파고들어야 합니다. 그런데 고다이 씨는 80년대 중반에 '기능장애'에 관한 엄청나게 방대한 사료를 정리하셨던 적이 있지 않습니까. 두께가 6센티 정도 되는 엄청난 것으로 기억하는데요.

고다이 《세계의 인공위성·로켓 기능장애 자료집》 말씀이시군요.

나카노 네 맞습니다. 그 자료집은 로켓이나 위성연구개발을 하는 사람에게는 정보의 보고라 할 수 있습니다. 기술연구 데이터베이스로서는 최고죠. 그 정도까지 조사하시다니 대단합니다.

고다이 그 책을 내게 된 경위부터 말씀드리죠. 먼저 아야메 사고 때 저는 지금의 우주개발위원회의 기술평가부회의 특별위원이 었습니다. 당시 아야메 사고는 일본에서 처음 있는 큰 문제라고 해서 기술평가부회 조사팀의 한 사람으로서 미국정부나 메이커를 찾아가 많은 내용을 조사하고 귀국하여 보고서를 만들었지요. 이 보고서를 작성하는 마무리 즈음에 당시 위원장이었던 사이토 나리후미 선생께서 다른 의견이 있는지를 물어 보셨습니다. 그때 제가 "세계적으로 외부에서는 보지 못한 로켓과 인공위성의 기능장애가 많이 일어납니다. 단지 좀처럼 밖으로 드러나지 않을 뿐이죠. 그런 기능장애의 내용을 데이터베이스화 해서 제대로 정리해 두고 이것을 분석하는 일이 중요할 것 같습니다. 이 기회에 이런 것을 정리해 둘 필요가 있지 않을까요?"라고 말씀드렸습니다.

나카노   그 때 고다이 씨는 항공우주기술연구소에 재직하고 계셨죠?

고다이   그렇습니다. 항공우주기술연구소 로켓부 고체로켓연구실 실장이었습니다. 그런데 제가 저렇게 제안했더니 위원 사이에서 '해볼 만 하다'는 의견이 나왔습니다. 그러자 우주개발사업단의 또 다른 위원이 "기능장애를 찾아내기란 아주 어려운 작업이니까 가능할 것 같지 않다"고 하더군요. 하지만 위원단의 분위기는 찬성이었고, 보고서 후반에는 그런 조사를 해야 한다는 권고를 삽입하기로 되었습니다. 이 조사는 저희에게는 아주 힘든 일이지만 사업단이라면 가능하리라 보았습니다.

당시 저는 항공우주학회의 이사도 담당하고 있었는데요, 학회 활동의 하나로 스페이스셔틀이나 전기추진 등의 조사연구를 사업단에서 수주 받아 학회 활동비를 보충했습니다. 그 때마다 조사연구 목차를 만들어 연구그룹을 만들었습니다.

그래서 아야메 사고조사 보고서가 공표되고 2개월 정도가 지나 항공우주학회 이사회가 열렸을 때 회장인 모리 선생이 이렇게 말씀하셨습니다.

"우주개발사업단에서 학회에 위탁연구를 맡겼습니다. 올해 테마는 세계의 인공위성·로켓의 기능장애 조사라고 합니다." 저는 귀를 의심했습니다. 기술평가부회에서의 제안이 돌고 돌아 나한테까지 온 것이죠. 이렇게 해서 시작된 것이 기능장애 조사였습니다.

하지만 시작하고 보니 정말 힘이 들었습니다. 예상했던 바였지만, 어떻게 조사할까 누구를 인터뷰할까 어디에 가면 자료를 얻을 수 있을까, 등등 힌트를 얻을 수 있는 단서가 없었습니다. 그래서 항공우주기술연구소나 국회도서관에서 우주 관련 잡지를 몇 개월에 걸쳐서 전부 조사하고 작은 기사에 이르기까지 닥치는 대로 모았습니다. 상당히 힘들었습니다. 어쨌든 그렇게 해서 여러 곳에서 조금씩 모아서 분류해 나아갔습니다.

나카노 한 가지 여쭈어 보고 싶었습니다만, 그 자료집에는 일본의 실패 부분이 나와 있지 않습니다.

고다이 이 조사를 위탁한 것이 우주개발사업단이고, 저는 위탁받은 처지였기 때문입니다. 저도 일본에 관한 사례라면 좀 더 이해하기 쉬울 것이라고 요청했습니다만, 우주개발사업단에서 '일본에 관한 조사는 하지 말자'는 답이 왔습니다.

나카노 발주처에서 요청한 것이었군요.

고다이 어쩔 수 없이 일본을 제외시킨 거죠. '세계'라는 곳에서 일본을 제외하게 되었습니다. 일본에서는 담담히 원인을 규명하기 보다는 자칫하면 사회적 책임 문제부터 거론되는 사례가 많기 때문에 이 두 가지가 얽히지 않게끔 하려면 일본을 제외하는 것이 좋겠다고 저도 생각했습니다.

나카노 그렇군요. 결국에 원인에 대한 규명은 되지 않은 셈이군요.

고다이 뭐라고 할까요. 일본 전체가 애매하게 어물어물 넘겨 버리는 경향이 있습니다.

나카노 원인 규명 부분을 책임소재만 추궁함으로써 뚜껑을 닫아 버리는 것이죠. 흔한 표현일지 모르겠지만 저는 '실패는 전진을 위한 보고'라고 생각합니다. 2001년 1월이었을 겁니다. 미국에 '실패 박물관(Museum of Failure)'이 생겼다는 것을 라디오 뉴스에서 들었습니다. 전세계의 실패 사례를 수집한 곳으로, 개인이 설립한 것으로 기억합니다만, 기업으로부터의 문의가 엄청나다고 했습니다. 기업에게 있어 그것은 최고의 데이터베이스입니다.

일본인은 아무래도 실패에 대한 평가가 서툴다는 생각입니다. 서툴다기보다는 정면으로 받아들여서 음미하는 데에 익숙하지 못한 지도 모릅니다. 구 일본군이 작전의 실패에 의한 '퇴각'을 '전진(轉進)' 이라 부른 것이 그 대표적 예라고 생각합니다. 공공사업의 실패를 인정하지 않고 무리하게 버티려는 관공서의 체질도, 같은 유전자가 있기 때문일 것입니다.

고다이 우주개발은 아무래도 실패가 많습니다. 이런 실패를 데이터베이스화하고 제대로 분석해낸다면, 그 원리를 그대로 적용하여 일반 사회의 만연한 실패를 조금이라도 줄일 수 있을지도 모르겠습니다. 그렇게 되기를 바랍니다.

● 에필로그

　로켓을 중심으로 한 우주개발에 깊숙이 관여한 지 44년이 되었다. 그 동안 세계 각국의 우주개발에도 긴밀히 관여해 왔지만 그 오랜 경험 속에서도 로켓이나 인공위성 개발은 잠재적으로 매우 높은 리스크를 안고 있음을 절감할 수 밖에 없었다. 주지하다시피 로켓 개발은 계획 입안에서 발사까지 약 10년이라는 놀라우리만큼 긴 장정의 프로젝트다. 오늘 다시 한 번 무엇이 가장 인상 깊었는지를 떠올려 보면 그것은 로켓발사의 성공과 실패라는 두 순간에 집약될 지도 모르겠다.

　대학졸업 후 회사에 들어가 바로 도쿄대 로켓 프로젝트에 참가한 것을 시작으로, 일본의 대표 로켓 H-II의 개발과 비행에 이르기까지…. 연이은 실패 속에서 가끔 성공을 맛보는, 말 그대로 '감동과 실망이 섞인 스릴 넘치는 나날'을 보냈지만 타고난 낙천적이고 긍정적인 사고방식 덕분에, 좋은 것도 나쁜 것도 바로 잊어버리고 다음 과제에 집중하기 위해 노력해 왔다. 관계된 각 방면에서 가해지는 정신적 중압에 신경을 쓰고 고민하다 보면 일본에서의 대형 프로젝트 담당자는 육체적으로나 정신적으로나 버텨내지 못할 것이다.

　무엇보다도 우주개발은 종합시스템의 전형적 예로서 그것이 커버하는 범위는 상상 이상으로 넓다. 기술진의 팀워크는 물론, 관계 각 부처, 정치인, 학자, 기업 경영자에서부터 영업, 현장 작업자, 그리고 어업 관계자 등등 항상 많은 사람들의 이해와 협력을 얻으면서 진행해 나아가야만 한다. 로켓은 기본적으로 아주 위험한 작업의 연속이라는 인식을 가지고 일을 하는 데도 개발 중 사고로 동료를 잃는 슬픔에 빠진 적도 있다. 나 자신도 생명에 위협을 느낀 적이 있다. 지금 성공이나 실패를 말한다 해도, 그것은 단지 기술상의 것이 아니라 그 배경에 경영전반, 행정, 플래닝, 국제경쟁과 협조 등 다양한 요인이 얽혀 있어 실상은 복잡하다.

내가 '실패 연구'에 본격적으로 몰두하기 시작한 것은, 지금부터 30년 정도 전에 일본 우주개발 역사 가운데서도 큰 사건이었던 아야메 위성의 실패가 그 계기였다. 위성에 실린 고체 로켓인 미국제 어포지 모터가 불량품이었는데, 미국 측 기술정보를 제공받는 것도 기대할 수 없었기 때문에 말 그대로 '블랙박스' 그 자체였다. 당시 나는 항공우주기술연구소의 연구원이자 정부사고조사위원회의 멤버로서 미국으로 날아가 정부와 상대기업과 교섭해 간신히 해결을 본 적이 있다. 그 보고서에서 '세계에는 수많은 로켓과 인공위성이 날아다니고, 그 가운데 상당수가 실패나 고장을 일으킨다. 이것을 조사해서 데이터베이스를 만들어 그 공통적인 원인을 찾아보면 어떨까?'라고 제안했다.

그 후 이 제안이 돌고 돌아서 내가 그 어려운 임무를 맡게 되었다. 일본이든 다른 나라든 실패는 밖으로 드러내지 않으며 가급적이면 드러내고 싶어하지도 않는다. 첨단기술의 보안성이라는 이유도 있기 때문에, 3년 반에 걸친 조사는 고난의 연속이었다. 하지만 이 때 연구를 시작했기 때문에 실패의 원인이나 형태, 원인규명은 물론 실패를 성공으로 이끄는 흐름 등을 체계적으로 정리할 수 있었다고 생각한다.

다만 실제 개발에 이것들이 어떻게 도움이 되었을까를 생각하면 상당한 걱정이 앞선다. 《세계의 인공위성·로켓 기능장애 자료집》이란 보고서를 정리하고, 특히 주의해야 할 사항 등을 추가해서 H-II 로켓 개발을 시작할 즈음에 우주개발사업단과 기업, 연구소 등 프로젝트 관계자에게 배포했다. 스페이스셔틀의 메인 엔진 개발 트러블 자료 부분은 H-II 로켓의 LE-7 엔진에는 유익한 참고자료가 되어 쓸데 없는 고장이나 사고를 조금이라도 피할 수 있지 않을까 생각했다. 하지만 실제로는 미국처럼 잇따른 실패로 '다른 사람의 고생은 도움이 되지 않는다'는 것을 뼈저리게 느껴야만 했다. 또 실패는 잊히기 쉽고, 타인에게 전하는 것은 그 이상으로 어려운 법이다. 실패한 데이터의 분석 등도 이른바 연구논문 같은 정리로는 실효성에 의문이 남는다.

로켓은 일반 공업제품과 비교하면 모든 면에 있어서 한계설계, 한계운용을 전제로 진행하는 아주 특이한 분야에 속한다. 초속 8000미터라는 초고속을 내지 않는 한 우주로 나가지 못하고 추락해 버리기 때문에 최대한계에 육박하는 빠듯한 설계, 제작, 운용이 숙명이며 이런 점에서 보면 우주개발은 말 그대로 실패학의 모범이 될 분야라고 해도 될 것이다. '왜 여유분을 둘 수 없는가'라고 묻는다면 한 마디로 '우리가 사는 지구가 너무 크고 인력이 강하기 때문이며, 이것을 뿌리쳐야만 지구에서 뛰쳐나와 우주로 갈 수 있기 때문'이라고 답하겠다. 만약 지구보다 작은 화성에 살고 있었다면 좀 더 여유를 가진 튼튼한 로켓 제조가 가능했을 것이고, 실패도 많이 줄어들 것이다.

이러한 실패를 둘러싼 '아주 중요한 여러 가지'를 나카오 후지오 씨와 공동 집필하게 되었다. 그리고 이 과정에서의 토론과 공동 집필은 내게 있어서도 지금까지의 경험을 정리하고 재검토하는 의미에서 좋은 기회가 되었다. 특히 과학기술에 대해 끊임없이 전향적인 논의를 전개하고, 일본의 우주개발에 위기감을 느낀 나카노 후지오 씨와 함께 '실패를 통해 성공에 도달하기 위한 길을 찾는 일'은 개인적으로도 즐거운 작업이었다. 사회적, 과학적, 행정적으로 어떠해야 하는가, 우주개발과는 다른 분야의 독자에게 있어서도 참고가 될 것을 바라면서 가능한 한 알기 쉽게 내용을 구성하려고 했다.

'실패란 무엇인가?', '실패의 진짜 원인을 외국과 비교해 보면 어떤가', '실패를 어떻게 줄일 수 있는가' 등등 나 스스로 오랜 동안 마음에 두고 있으면서도 좀처럼 밖으로 표현하지 못했던 테마에 대해 이야기를 나눌 수 있어서 나카오 후지오 씨와 이 기획을 추진해 주신 KK 베스트셀러스의 사토 나오히로 씨에게 감사의 마음을 전하고 싶다. 둘다 바쁜 처지이기 때문에 대담을 메일로 보충하는 새로운 방법을 통해 단기간에 정리해 냄으로써 어려운 프로젝트를 실패 없이 출판할 수 있게 된 것에 대해서도 작으나마 만족감을 느낀다. 또 책 뒤에 실은 〈세계 주요 로켓의 발사와 실패 상황〉이라는 표는 실패에 대한 많은 식견과 시사점을 주는 것으로, 이것을 정리해 준 우주개발 사업단의 기모토 씨에게 마음으로부터 감사의 말을 전하고 싶다.

마지막으로 거듭되는 H-II 로켓 개발의 중요한 순간에 뒤에서 응원하고 도와준 가족들에게도 이 자리를 빌려서 감사의 마음을 전하고자 한다.

2001년 5월
고다이 도미후미

191

조직 '통합'이 아니라
필요한 것은 **개발 '통일'**

2월 9일 오전 9시 M-V(뮤 파이브) 로켓의 발사 지점이 바라다 보이는 우치노우라 미야하라 견학동에서 4호기의 발사를 기다리고 있었다. 건물 주위로 펼쳐진 잔디밭에는 얼어붙은 웅덩이가 몇 군데나 있었다.

당초 스케줄에 의하면 발사는 전날인 8일 오후 10시 30분으로 되어 있었다. 그러나 새벽부터 규슈 남부 상공에 강한 한랭 기단이 흘러들어 격렬한 강풍과 함께 눈까지 내려서 가고시마 지방에는 흔하지 않게도 스노체인 장착 차량만 통행시키거나 도로 결빙으로 인한 의한 차량 통행금지까지 이루어진 상황이었다. 물론 발사는 중지하기로 결정되어 다음날로 연기되었다.

그리고 9일 이른 아침, 기온은 여전히 낮았지만 하늘은 쾌청했고 바람도 약했기 때문에 M-V는 오전 10시 30분에 발사하기로 되었다.

그러나 발사 2,3분 전에 공동 연구로 참여한 미야자키대학에서 안테나 케이블이 떨어져 버리는 바람에 발사는 돌연 중지되고 또 다시 연기되었다.

결국 스케줄 사정으로 나는 그날 귀경했다. 다음날에는 과학기술청에서 우주개발위원회의 특별회합이 있어 출석해야만 했기 때문이다.

작년 말에 시작된 이 회합은 나카소네 히로후미 과학기술청 장관을 위원장으로, 15명의 위원으로 구성되었다. H-II 로켓 8호기의 발사 실패로 체제개편의 구체적 방안을 검토하기 위해서 조직된 모임이다.

2월 10일의 의제는 H-II와 LE-7 엔진으로 이행하기 위한 변경 부분과 우주개발사업단과 계약기업의 관계에 대한 검토 작업이었다.

10시 30분을 조금 지났을 무렵, 논의가 계속되던 회의실에 사무관이 작은 메모를 손에 들고 들어왔다. 그리고 논의가 일단락되었을 때 이케다 연구개발국장이 "조금 전 M-V4호기가 발사 되었습니다"라고 모두에게 전했다. 궤도를 일주한 것이 확인될 때 까지는 '발사 성공'이라 부를 수 없지만, 우선 가슴을 쓸어 내렸다.

그리고 나서 30분 정도 지났을 때였다. 회의실에 있던 직원이 양복 주머니를 누르면서 빠른 걸음으로 복도로 나갔다. 휴대폰으로 호출이 들어온 것 같았다. 그 후 바로 몇 명이 연달아 나갔고, 갑자기 복도는 술렁이기 시작했다. 곧 회의실로 "궤도를 일주했을 시간이 지났는데도 신호가 없는 것 같습니다"라는 보고가 들어왔다.

위급한 사태였다. H-II 8호기의 실패를 둘러싸고 앞으로의 대책을 검토하는 회의장에서 M-V의 실패를 듣게 될 줄은 몰랐다.

세계적으로 2년 간 9기가 실패

운 나쁜 해(年)라는 것이 진짜 있을까? 1985년부터 86년에 걸쳐서는 타이탄 2기에 아리안이 2기, 거기에 스페이스셔틀 챌린저의 사고도 등, ESA(유럽우주기관)와 미국이 실패했다. 98년과 99년도 그랬다. 이 2년 간 델타III 2기, 타이탄IV 3기, 러시아의 프로톤 2기, 그리고 일본의 H-II가 실패했다. 여기에 우주과학연구소의 M-V까지 더해졌다.

M-V는 전단 고체의 3단식 로켓이다. 거기에 위성을 궤도에 올리기 위한 '킥 모터'라는 작은 로켓이 붙는다. 고체 로켓으로는 세계 최대급인 M-V는 전장 30.7미터, 직경 2.5미터로 발사 시의 전비(全備)중량은 139톤이나 된다. 발사는 대형 크레인 같은 발사장치의 가드레일에 장착시켜 실시하는 경사 발사다. 고체연료이기 때문에 액체로켓과 달리 수직 발사의 제약이 없어서, 발사 장치에 따라서는 방위각과 상하각을 설정한 후에 발사할 수도 있다.

이 M-V 4호기는 연기가 되었을망정 변경 후의 스케줄에 맞추어 10일 오전 10시 30분에 발사되었다. 그리고 1분 정도 지났을 때, 궤도가 조금씩 빗나가기 시작했고, 예정된 고도보다 위로 향하게 되었다.

다음으로 기체가 약간 남쪽으로 흔들리기 시작했다. 그 자체는 큰 문제가 아니라 계획궤도의 범위 내였다.

머지않아 높았던 고도는 조금씩 억제되어 계획궤도로 향했다. 그대로 가면 예정대로 궤도에 오를 수도 있는 순간이었다. 하지만 얼마 되지 않아 기대하던 고도로 돌아오기는커녕 그대로 아래를 향하기 시작했다. 계속 내려가기 시작하더니 결국 회복하지 못하고 말았다.

카메라가 촬영한 '이상' 순간

4호기의 실패 원인은, 제1단 로켓(M-14 로켓)의 노즐 파손에 의한 것이라 한다. 체임버, 즉 고체연료의 케이스 안에서 발생한 연료가스를 분사하는 노즐의 가장 가늘고 좁은 부분인 노즐 슬롯 인서트 재료의 파손이 사고의 주원인이었던 모양이다.

노즐 슬롯의 인서트 재료는 노즐의 '내장' 부분이기는 하지만, 이른바 '라이너'와는 조금 다르다. 고온 고압의 연소가스에 노출되는 가장 엄격한 조건하의 '목'을 보호하는 부분으로 라이너 위에 덮어씌우는 것이다. 'IG-12'라는 흑연으로 만들어져 있으며, 외부 지름은 1미터 정도이며 내부 지름은 약 75센티미터, 가장 두꺼운 부분은 16센티미터 정도로 되어 있다.

소재인 흑연은 고체 로켓의 노즐부의 재료로서는 가장 인기 있는 것으로 많은 고체 로켓에 사용된다. 항공우주기술연구소가 지금까지 개발해 온 로켓의 노즐도 물론 흑연으로 되어 있었다. 그리 드물지도 않은, 사용에 익숙한 재료 부분에서 사고가 일어난 것이다.

M-V의 기체에는 4대의 비디오카메라가 탑재되어 있었다. 불행 중 다행이라고 할까. 이 카메라에서 보내온 화상을 지상에서 확인함으로써 '이상' 순간을 꽤 확실히 확인할 수 있었다.

4대 가운데 카메라 A와 카메라 C가 장착된 곳은 제2단 로켓(M-24 로켓)의 SMRC(고체모터 롤 제어장치)의 하부였다. SMRC는 로켓의 롤링, 즉 기축방향의 회전을 컨트롤하는 장치다. M-V에는 제2단과 제1단의 가장 아랫부분에 이 장치가 붙어 있다.

카메라 B와 카메라 D가 장착되어 있었던 곳은 제2단과 제3단 로켓의 인터스테이지, 즉 단 사이의 결합부다. 이들 카메라에 의한 화상과 지상으로 보내져 온 데이터를 조합하면 다음과 같다.

우선 10시 30분 X(발사 시), 발사 순간은 모든 것이 정상이었다. 아니 사고 직후에는 그렇게 판단했다. 그러나 다음날인 11일에 발사 후의 발사 장치 부근을 조사했더니, 흑연과 비슷한 검은색 물질이 여러 개 발견되었다. 이것들은 5밀리미터 크기의 작은 알맹이에서부터 큰 것은 두께 7밀리미터에 사방 4센티미터 크기로 표면에 산화알루미늄이 묻은 것도 있었다.

이 물질들을 전자현미경으로 관찰하고 비중 측정 등의 방법으로 조사한 결과, 양쪽 다 M-14 로켓의 노즐 슬롯 인서트 부분의 재료로 사용되고 있는, IG-12 흑연과 동일한 것으로 판명되었다. 따라서 부착되어 있던 산화알루미늄은 고체연료에 사용된 것이 연소가스가 되어 분사될 때 녹아 달라붙었다고 봐도 거의 틀림없었다.

단지 일반적으로 노즐의 흑연재는 연소시험 후에는 심하게 손상된다. 이 경우에는 연소 최초의 단계라서 발사장치 부근에서 발견된 흑연의 단편이 바로 인서트 재료의 손상으로 연결된 것인지 아닌지는 단정할 수 없었다.

원인의 열쇠를 쥔 흑연재

X+20.0초 즉 수직이륙한 뒤 20초. 탑재된 카메라의 영상에서 이상은 확인되지 않는다.

그러나 X+25.0초 가스 분사 주변에 이상한 화염이 번졌다. 그 13.5

초 후인 X+38.5초에는 아주 적지만 역시 이상한 화염이 보였다.

X+41.5초 전후. 믿을 수 없을 정도로 큰 화염, 또는 물체가 가스분사 중에 튀어 나갔다. 이러한 영상의 이상(異常) 모습은 지상에서 해석한 데이터의 내용과 일치한다.

우선 X+25.0초에 제1단 로켓의 내부 압력이 약간 내려갔다. 그러던 것이 X+38.5초부터 압력이 급격히 내려가기 시작했다. 그리고 X+41.5초에는 해석 데이터의 그래픽이 계단 모양이 될 정도의 저하를 보였다. 그리고 X+49.0초에 다시 압력은 급격히 떨어져, 이후 그대로 계속해서 떨어졌다.

X+38.5초와 X+41.5초에 발생한 기묘한 화염이 노즐 슬롯 인서트 재료인 흑연 때문이라는 사실은 거의 틀림없었다. X+38.5초에 우선 소규모의 파손이 있고, 이에 의해 로켓 내의 연료압이 조금 내려갔다.

그리고 X+41.5초에 확인된 큰 화염도 역시 흑연일 것이다. 영상으로 봐서 꽤 큰 부분이 결손된 것 같다. 그 때문에 노즐의 개구부가 커져, 연소가스가 왕창 뿜어져 나왔다. 계획 궤도의 고도보다도 높지 않았던 것은 이 가스분사 때문이라고 한다. 그러나 가스분사가 급격하게 이뤄졌기 때문에 내부압력은 저하했다.

거기에다 인서트 재료가 파손되었기 때문에 곧 라이너와 노즐 강판도 손상을 입고, 여기에서 고온가스가 분출되어, 이것이 비상(飛翔)방향을 제어하는 액추에이터(actuator)를 파손시켰다.

그리고 복구되지 않은 채로 X+49.0초가 된다. X+49.0초는 정상 연소기간의 종료다. 뒤이어 제1단 로켓에 의한 가속이 불충분한 채로, X+75.0초에 제1단과 제2단의 분리, 제2단의 점화로 이어진다.

로켓의 '단(段)'이라는 것은 수동 기어의 자동차로 고속도로에 들어가는 때와 많이 비슷하다. 제1단에서 얻은 속도를 제2단에 넘겨주고, 제2단은 이것에 더해서 가속을 하고, 그 속도를 제3단으로 넘겨준다. 자동차에서 1단, 2단, 3단으로 타이밍을 잘 맞춰서 기어를 바꾸어 가며 속도를 올리는 것과 같다. 따라서 1단, 2단에서 충분히 가속하지 않으면 그 다음이 제대로 진행되지 않듯이 로켓의 제1단에서 속노가 부족하면 다음인 제2단이나 제3단이 힘들어진다. 자동차라면 완만한 가속으로 어떻게든 되겠지만 로켓의 경우는 그렇지 않다.

M-V 4호기에서는 제2단과 제3단 로켓이 너무 내려간 고도를 본래대로 돌리기 위해서 노력했다. 그러나 이미 늦었던 것이다. 크리스마스 섬의 수신국이 X+1162초부터 X+1212초까지 제3단 로켓을 추적했지만 결국 행방불명이 되었다.

실패 축적 외에 다른 수단이 없는 엔진 개발

H-II 로켓 8호기의 LE-7 엔진 본체가 도쿄 교외에 있는 항공우주기술연구소의 초후(調布) 분실로 운반된 것은 M-V 4호기의 실패보다 딱 2주 전인 1월 28일이었다. 22일 오후 5시 30분에 오가사와라 제도의 북서 380킬로미터 지점 바다 위에서 해저 3000미터를 향한 인양 작업이 시작되어, 다음날인 23일 아침 9시에 드디어 선상으로 인양되었다. 계속해서 액체산소 터보펌프도 인양, 회수되어 요코스카 항에 내려진 것은 28일 아침이었다.

초후 비행장의 활주로에서 이륙하는 소형기의 엔진음이 들리는 곳에서 LE-7은 트럭 짐칸에서 조심스럽게 내려져, 항공우주기술연구소의 큰 실험동으로 운반되었다. 그 옆은 예전 군마 현의 오스다카야마에서 회수된 닛코 123편의 압력 격벽(隔壁)을 검사한 실험동이었다.

그리고 항공우주기술연구소나 금속재료기술연구소 외 우주개발위원회의 위원들이 지켜보는 가운데, 미쓰비시중공업과 이시카와지마반마중공업 기술자들의 손에 의해 LE-7은 깨끗하게 씻겼다. 배관 내에 호스를 통해 물을 주입하자 아직 내부에 남아 있던 해저 3000미터의 고운 모래가 흘러 떨어졌다. 혹시 파편을 포함하고 있을 지도 모를 이 모래도 모두 플라스틱 양동이에 회수되었다.

또 노즐 스커트가 운반된 실험동 안에는 이미 1주일 전에 인양된 액체수소 배관계의 잔해를 앞에 두고 연구자들이 파단면의 확인 작업을 시작했다. 여기저기 뿔뿔이 흩어져 있기는 하지만 엔진본체는 물론 작은 배관부품에 이르기까지, 용케도 이 정도까지 회수했다고 놀랄 정도의 양이었다. 로켓엔진이란 것은 자동차의 엔진이나 제트 엔진과는 개발 개념이 전혀 다르다. 자동차의 경우는 주행시험은 물론, 피로 시험 등을 되풀이 할 수 있고 이를 반복함으로써 성숙되어 간다.

제트엔진의 경우에도 한계 안전율에서 설계하고 부하를 걸면서 테스트를 해 간다. 그러면서 파손된 부분의 강도를 높이는 등 설계 변경을 거듭하여 완성해 가는 것이다.

하지만 로켓엔진은 '한 방 승부'다. 발사에 실패해도 어디에 문제가 있었는지 알 수 없는 경우가 대부분이다. 반대로 발사에 성공해도 여유 있는 성공이었는지 한계상태의 살얼음을 밟는 듯한 성공이었는지 알 수가 없다. 왜냐하면 실패하든 성공하든 엔진을 회수해서 그 결과를 조사하는 일이 불가능하기 때문이다.

자동차나 항공기의 엔진은 개발과정에 있어서 문제가 될 수 있는 '독'을 빼내는 시간이 주어진다. 그러나 로켓엔진에는 그러한 것이 없다. 어쨌든 '경험'을 축적하는 이외에 제구실을 할 수 있도록 만들 방법이 없는 것이다.

이러한 의미에서 해저에서의 LE-7 인양 작업, 그리고 M-V 사고 때 전송된 화상은 큰 의미를 가진다. 델타나 아리안, 혹은 스페이스셔틀을 봐도 알 수 있듯이 높은 비율의 초기 고장은 로켓개발에 있어 '홍역'과도 같다. 다른 나라들도 이런 난관을 경험하고 스스로의 힘으로 극복해 왔다. 일본도 이제 그 시기에 접어들었다고 할 것이다.

하지만 한편으로는 이런 실패를 '시스템의 문제'라면서 우주개발사업단과 우주과학연구소를 하나로 뭉치는 '통합론'이 부상하고 있다. 누가 말을 꺼냈는지는 모르지만, 이것은 착각이다.

지금이야말로 논의해야 할 일본판 NASA

만약 두 개의 기관을 통합해 뭔가 이점이 있다면 나도 찬성이다. 그러나 두 기관 모두 예산 부족과 인원 부족으로 고민하고 있다. 현재 상태로 통합한다면 쓸 데 없는 혼란 이외에는 생각할 수 없다. 은행이나 주유소처럼 통합에 의해 효율 향상을 기대할 수 있는 조직과는 전혀 다르다.

게다가 연구기관이나 개발기관이란 것은 각각의 '문화'가 있다. 지금 상태에서 통합하는 것은 야구와 축구가 같은 구기 종목이니까 둘

이 함께 시합을 하라는 이야기와 같다.

다만 '통일'이라면 이야기는 달라진다. 우주개발사업단과 우주과학연구소, 거기에 항공우주기술연구소 등 각각의 기관이 강한 협력관계를 가지는 것은 찬성이다. 아니, 그렇게 되어야 한다.

그렇게 되면 예를 들어 대형 프로젝트를 구성할 경우 등 각 기관에서 적재적소의 인재를 모아 하나의 테마를 효율적으로 추진할 수 있다. 시험설비를 공유함으로써 비용절감을 할 수 있다는 장점도 있겠지만, 그 정도의 절약은 논의의 가치가 없다. 무엇보다 중요한 것은 지식의 집약이다. 지식을 집약해 낼 수 있는 체제가 중요한 것이다.

하지만 이 경우, 이들 사이의 조정을 담당할 조직이 필요하다. 이것이 이른바 '항공우주국'이다. 각 기관을 파악하고 이들의 개성과 장점을 파악해서 하나로 모으는 아주 작은 조직이 있다면 '통일'은 제대로 기능할 것이다.

사실은 미항공우주국(NASA)이 이런 타입이다. 에임즈연구소나 제트추진연구소 등 고유의 업무를 가지고 활동하는 다양한 조직을 하나로 모아 하나의 프로젝트를 수행한다. NASA 본부도 한때 비대화한 적이 있지만 다시 축소되고 있다.

일본도 이러한 선례를 모범으로 삼아 시스템을 재편성해야 할 시기를 맞이한 것인지도 모른다. 그러나 잘못해서 은행 통합처럼 그냥 하나로 뭉뚱그려 버려서는 안 된다. '과학기술 창조입국'을 지향한다면 국회의원의 정원수를 삭감하는 일은 있어도 연구자와 기술자만큼은 삭감해서는 안 될 것이다.

(《사이언스》 2000년 4월호에서)

캐비테이션의 비극

항공기의 프로펠러나 선박의 스크루나 추진력을 만드는 원리는 같다. 항공기의 주날개와 닮은 부풀어 오른 면을 따라 정압(靜壓)이 낮아져 이것이 빨아들이는 힘, 즉 양력을 만들어 낸다. 이 양력에 의해 프로펠러는 전방으로 향하는 추진력을 얻어 기체를 움직이고, 기체는 그 속도에서 주날개 윗면에 상향의 힘을 얻어 이륙한다. 그리고 스크루의 경우는 프로펠러와 같이 선체를 추진시키는 추진력을 얻는다.

다양하게 변하는 공기방울

19세기 중반에 스크루선을 개발한 영국은 항해 속도를 올리려고 필사적으로 연구했다. 당시의 조선기술은 외륜선에서 스크루선으로 이행하고 나서 얼마 되지 않은 때였다. 증기엔진의 개량이 진척되어 보다 항해 속도가 빠른 배를 필요로 했다. 그러나 아무리 해도 잘 되지 않았다. 엔진이 고성능화되어 스크루 회전이 높아졌음에도 불구하고 배의 속도가 올라가기는커녕 오히려 떨어지는 기미마저 보인 것이다.

이유는 캐비테이션(cabitation: 공동현상)이었다. 스크루의 회전속도가 올라가면 날개면의 정압이 증기압보다 낮아지기 때문에 수증기 거품이 대량으로 생긴다. 기포의 형상은 스크루 속도에 의해 다양하게 변한다. 무수한 기포가 산란하는 것도 있고, 한 장의 두꺼운 막과 같이 되어 스크루면에 달라붙거나 때로는 깃발처럼 나부끼기도 한다.

캐비테이션은 이러한 기포나 기막이 생기는 현상으로, 공동현상(空洞現象)이라고도 한다. 대량의 기포나 기막이 만들어내는 '공동'이 양력의 발생을 방해함과 동시에 저항으로 작용하기 때문이다. 당시 스크루의 날개는 폭이 좁은 선형이었다. 이 좁은 면적에서 급격하게 압력이 저하되면서 쉽게 캐비테이션이 발생했던 것이다.

스크류 파괴

차츰 연구가 진행되면서 단면이 매끈하고 면적이 넓은 스크루가 개발되었다. 그리고 스크루를 억지로 고속 회전시키지 않더라도 충분한 양력을 만들어 낼 수 있도록 고안하여 캐비테이션 발생도 감소시켰다. 이렇게 해서 스크루선은 고속 항해 시대로 들어가게 된다.

그러나 보다 더 고속화를 위한 연구를 진행하자 다시 캐비테이션의 벽에 부딪히게 된다. 이번에는 스크루가 진동하거나 표면이 침식되어 미세한 상처로 뒤덮이는 등의 문제가 발생했다.

기포는 스크루면의 정압이 극단적으로 낮아지기 때문에 발생하는

데, 스크루의 후연부에서는 정압이 높아진다. 이 때문에 기포는 급격히 압축되면서 파괴된다. 이 충격이 스크루를 진동시키거나 표면에 상처를 입히는 것이다. 심지어 때로는 금속제 스크루의 **표면을** 울퉁불퉁하게 만들거나 파괴하는 때도 있다.

정압의 저하에 의해 발생한 기포는 물 속 아무 데서나 발생하는 것은 아니다. 스크루 면의 아주 조그마한 울퉁불퉁함이나 작은 상처 등을 계기로 수중에 있는 미세한 기포가 발단이 되어 만들어진다.

이러한 기포의 발생을 억제하기 위해 시대와 함께 스크루의 형상이 개량되었고, 표면 가공 기술도 향상되었다. 특히 제2차세계대전에서는 캐비테이션의 영향을 적게 하는 것이 바로 함선의 성능으로 연결되었다. 또 캐비테이션에 의해 기포가 터지는 소리는 잠수함에 있어서는 자신의 위치를 적에게 알려주는 치명적인 문제였다.

그러나 연구는 좀처럼 진척되지 않았다. 결국은 스크루의 **형상과** 면적의 최적 균형을 찾아서 신중하게 설계하고 표면 연마 기술을 구사해서 만들어 내고, 그리고 회전속도를 컨트롤하는 이외에 별다른 방도가 없었던 것이다.

스크루나 프로펠러나 기본원리는 같다. 그러나 공기 속을 도는 프로펠러에서 캐비테이션은 발생하지 않는다. 물 속 스크루에만 이 특유의 현상이 있다. 이것은 스크루가 탄생했을 때부터의 숙명이다.

불가결한 부분은 회수

5월 9일 과학기술청에서 우주개발위원회 기술평가부회 전문가 회합이 열렸다. H-II 로켓 8호기 발사 실패의 원인규명을 목적으로 항공우주기술연구소나 금속재료기술연구소, 우주과학기술연구소 외에 대학공학부의 연구자로 구성된 전문위원회였다. 이날 회합의 목적은 원인규명에 관한 조사 결과 보고서의 정리였다.

지금까지의 흐름을 대략적으로 말하자면, 우선 발사 실패 원인이 제1단 로켓의 LE-7 엔진에 있음은 이미 사고 당시 데이터를 분석한 단계에서 추정되어 있었다. 이 원인의 열쇠를 쥔 LE-7이 오가사와라 제도 앞바다 해저 3000미터에서 인양되어 요코스카 항에 내려진 것은 1월 28일 아침이었다.

해저에서 엔진 전부를 찾아낼 수는 없었다. 그러나 불행 중 다행이라고 할까, 엔진의 본체 부분을 비롯하여 사고 원인 해명에 불가결하다고 여겨지는 부분은 거의 모두 회수할 수 있었다. 이들 회수품은 육지로 내려진 당일에 요코스카에서 초후 항공우주기술연구소로 운반되어 정성스레 세정된 후 실험동으로 옮겨졌다. 예전 닛코 123편의 압력 격벽을 늘어놓고 원인조사를 실시한 실험동 바로 옆이었다.

여기에서 기술평가부회 전문위원들에 의한 육안 검사가 대강 끝난 뒤 '회수 엔진에 관한 분석 조사 및 상세한 파면(破面) 해석 계획'이 검토되었다. 그리고 계획의 결정과 동시에 LE-7은 분해되어 본격적인 조사로 옮겨졌다.

낙하와는 다른 힘

곧 원인은 액체수소 터보펌프의 이상으로 추정되었다. 말할 필요도 없는 것이지만, H-II 8호기는 상승 중에 LE-7 엔진이 급정지한 후에 떨어졌다. 따라서 로켓의 기체는 물론 LE-7도 해수면에 내던져졌을 것이며, 그 충격에 의한 손상도 적지 않았다.

때문에 우선은 손상을 분류해야 했다. 낙하의 충격에 의한 손상과 엔진의 이상에 의한 손상은 그 파단면 등이 질적으로 다르다. 액체수소 터보펌프가 주목받은 것은 그 입구 부분이 크게 파손되었고 낙하 충격과는 다른 힘에 의한 균열과 파단이 보였기 때문이었다.

터보펌프라는 것은 엔진 본체와 탱크의 중간에 위치하는 기기다. 액체산소와 액체수소 계통에 각각 하나씩 있으며, 둘 다 연소기와 함께 엔진의 중요 부분이다.

액체로켓 터보펌프의 기본원리는 임펠러라고 하는 날개바퀴를 연소가스의 에너지로 구동해서 연료를 강제적으로 엔진에 보낸다는 의미에서 자동차의 터보펌프와 같다.

그러나 그 복잡함과 사용 조건의 엄격함은 자동차용 터보펌프와 비교가 되지 않는다. 특히 액체수소계의 터보펌프는 절대영도에 가까운 액체수소를 고속으로 빨아들이는 한편, 고온고압의 수소가스를 연소기에 보내는 역할을 하는 액체수소 추진제의 엔진 심장부라 할 수 있는 부분이다.

직경 10센티의 날개바퀴

액체수소 터보펌프가 '범인'으로 추정된 것은 그 내부에 이상이 보였기 때문이었다. 전문가 회합의 검토 결과, 보고서에는 다음과 같이 기술되었다.

(1)엔진 분해조사
a.액체수소 터보펌프 입구부가 크게 파손
　–인듀서 날개에 결손 있음
　–케이싱(펌프 입구)의 파단 · 균열
　–인듀서와 결합하는 임펠러 축받이 장착부 파단
b.터보펌프 내부에 이물질 잔류 및 부착
　–이물질은 액체수소 펌프에 사용되지 않는 금속물질도 있음
(2)파면 해석
a.회수된 연소기 상류배관
　–연성파괴이며 낙하 중 또는 착수 시 파손 가능성이 높음
b.액체수소 터보펌프의 인듀서
　–날개 1장에 작은 파손과 피로파괴에 의한 큰 파면 있음
　–피로파괴에 이른 반복 횟수는 10만회 전후로 추정

　여기에 기록된 인듀서라는 것은 터보펌프에 내장되어 있는 직경 10센티 정도의 날개바퀴다. 3장의 날개로 되어 있으며, 평범하게 말하자면 스크루이지만 각 날개의 면적은 꽤 크다. 한 장의 날개가 부채꼴 모양이 아니라, 축을 2/3이나 덮는 수준이다. 이 때문에 외관은 스크루라기보다 커다란 3조의 나사라고 할 정도다.

　터보펌프 입구에는 인듀서가 있고 탱크로 연결되는 배관에서 액체수소를 빨아들여, 이것을 임펠러를 통해 엔진에 보낸다. 터보펌프가

주범이 아닐까 하고 추정한 것은 이 인듀서의 날개에 결손이 있고, 파면이 피로파괴에 의한 것으로 판단되었기 때문이다.

피로파괴의 '나이테'

말할 필요도 없지만, 피로파괴란 부재(部材)의 어떤 부분이 반복된 하중을 받아 파단(破斷)되는 것이다. 응력(應力)의 진폭을 받는다고 할 수 있다. 그 부재는 응력의 진폭을 계속 받는 동안에 미세한 균열이 발생한다. 그리고 차츰차츰 커진다. 균열이 커진다는 것은 바꿔 말하면 하중에 맞서 재료를 받쳐주는 단면적의 감소라고 할 수 있다.

당연히 단면적이 어느 한계 이하가 되면 그 부재는 파괴된다. 이 때 그 파단면을 전자현미경으로 관찰하면 어느 정도의 진폭을 받아 왔는지를 확인할 수 있다. 1회의 진폭에 의해 균열이 성장한 흔적이 스트라이에이션(striation)이라 불리는 줄무늬로 남기 때문이다. 이른바 피로파괴의 '나이테'다. 항공기 사고 등에 있어서 기체나 엔진의 피로파괴 상황을 꽤 정확하게 확인할 수 있는 것은 이 스트라이에이션이 있기 때문이다. 인듀서의 날개 파단면에서도 스트라이에이션이 확인되었다. 그것도 10만 회 전후의 진폭을 보이는 것이었다.

액체이기에 피할 수 없다

H-II 8호기의 발사로 LE-7 엔진 주연소실의 압력이 급격히 저하한 것은 수직 이륙에서부터 238.5초 후였다. 만약 수직이륙 순간에 진폭

이 시작되었다고 한다면, 매초 40회 이상이라는 격렬한 진동이 있었던 것이 된다.

그리고 격렬한 진동을 만들어 낸 것은 캐비테이션이라고 판단되었다. 캐비테이션은 선박의 스크루에만 발생하는 문제가 아니다. 배수펌프 속에서조차 아주 쉽게 발생한다. 이뿐 아니라 보통 수도관이나 강의 흐름에서도 유속과 커브의 상태나 강 밑바닥 상황에 따라 소규모 기포가 생기는 일이 드물지 않다.

물에만 한정된 이야기도 아니다. 액체가 나트륨 같은 것이라 해도, 또 절대온도가 낮은 액체질소나 액체수소라도 캐비테이션은 발생한다. 따라서 액체를 취급하는 이상은 많든 적든 캐비테이션의 발생은 피할 수 없으며 오히려 그 발생을 받아들여 기기 설계에 반영해야만 하는 것이다. LE-7 엔진의 경우도, 캐비테이션의 속박에서 벗어나지 못함을 충분히 숙지한 상태에서 설계되었다.

이런 날개의 경우, 캐비테이션의 발생도 통상의 스크루 등에서 보이는 것과는 조금 다르다. 어테치드 캐비케이션(Attached cabi-tation)이라 불리는 날개 면에 달라붙은 기포와 날개 외곽선을 따라 발생하는 선회캐비테이션이 있다.

7호기 엔진으로 시험

LE-7 인듀서는 캐비테이션에 의한 진동 발생도 전제에 두고 있었다. 그래서 1호기부터 8호기에 이르기까지는 전혀 문제가 보이지 않았다. 하지만 8호기의 엔진에서 액체수소가 반란을 일으킨 것이다.

기술평가부회 전문부회에서 회수 엔진 조사가 진행됨과 병행해서 우주개발사업단과 터보펌프 메이커인 이시카와지마 반마중공업, 그리고 엔진 본체 메이커인 미쓰비시중공업은 7호기의 엔진을 사용해서 시뮬레이션 시험을 되풀이했다.

7호기는 발사가 미뤄지는 사이에 8호기 사고의 여파를 받아 개발이 도중에 중지된 기체다. 시험은 그 7호기용 LE-7의 액체수소 터보펌프의 인듀서를 사용해 진행되었다.

시험에 사용된 유체는 당연히 극저온의 액체수소가 아니었다. 캐비테이션 발생을 실제로 확인하기 위해 액체수소 대신 물이 사용되었다. 이른바 '유수(流水)시험'이란 것이다.

이 유수시험에서 기포는 예상 외의 움직임을 보였다. 인듀서의 선회캐비테이션에 의해 발생한 기포들이 탱크에서 엔진 쪽으로 향하는 액체수소의 흐름과는 반대로 상류 측, 탱크 측으로 퍼져갔던 것이다.

인듀서의 상류는 배관이 L자형으로 되어 있다. 그리고 배관 내에는 이 L자의 급커브에 의한 액체수소의 흐름을 부드럽게 하기 위해 정류베인(整流vanes)이 들어있다. 창문의 블라인드와 비슷한 선반 모양이었다. 선회캐비테이션 기포군은 정류베인까지 도달했다.

선박의 스크루에서는 정압이 낮아진 곳에서 기포군이 발생한다. 이 기포군이 정압이 상승하는 날개의 후연부에서 파열해, 스크루면을 침식하는 경우가 있다. 8호기의 액체수소 터보펌프에서는 정압이 극단적으로 낮아지는 인듀서 외곽선에 발생한 기포군이 정압이 높은 상류측으로 역류한 것이다. 그리고 기포군은 정류베인이 있는 곳에서 파열해 부재를 침식시키고, 결국에는 손상시킨 것으로 추정되었다.

다만 이러한 현상은 항상 발생하는 것이 아니다. 1호기에서 6호기에 이르기까지 LE-7 엔진은 별다른 문제없이 계획대로 연소했다. 과연 문제의 근원은 어디에 있었을까?

압력의 저하가 부른 변화

우주개발사업단이 4월 14일의 기술평가부회에 제출한 기술문서에는 그 검토 결과가 다음과 같이 정리되어 있다.

인듀서의 유수시험 및 7호기용 LE-7 엔진 연소시험 결과를 평가하고, 수치 시뮬레이션 결과 등과 맞추어 검토한 결과, 파괴에 이르는 응력의 발생이 단독으로 일어날 수 있는 요인은 얻을 수 없었으나,

- 감압 제어시의 캐비테이션에 의한 압력 변동
- 인듀서 입구 근방의 압력 변동에 의한 인듀서 날개의 여진(勵振)
- 추계 진동에 의한 인듀서 날개에 여진에 의해 설계 시에 상정했던 변동응력보다 과대한 변동응력이 걸렸음을 파악. 여기에 더해서 8호기 특유의 조건(캐비테이션 규모의 차이, 인듀서에서의 역류로 입구 정류베인의 일부가 손상한 경우의 변동응력의 증가)이 복합됨으로 인해 인듀서 표면의 가공 부위에서 균열이 발생해 파열에 달한 것으로 추정.

감압제어란 액체수소 탱크의 압력을 내리는 것이다. 대기압은 지상에서는 1기압이지만, 고도가 올라감에 따라 감소한다. 로켓 탱크 내의

압력도 고도 상승에 따라 내려가도록 제어하지 않으면 안 된다.

이 압력의 변동 때문에 인듀서에 의한 캐비테이션에 변화가 생겼다. 그리고 캐비테이션이 역류해 정류베인과의 사이에서 유체진동이 발생했다. 그 결과가 정류베인의 파손과 인듀서 날개의 피로파괴를 야기했던 것 같다. 1호기에서 6호기까지는 한꺼번에 얼굴을 내밀지 않았던 몇 가지 마이너스 요소가 8호기에서는 한꺼빈에 머리를 들어 올리고 겹쳐서 계속된 탓에 LE-7가 급정지한 것 같다.

과학기술 창조입국의 현실

기술문서는 계속해서 이렇게 적고 있다.

> FTP(액체수소 터보펌프)의 캐비테이션에 대해서는 개발 당초부터 선회캐
> 비테이션 억지 설계를 강구했으나 엔진 연소 시의 캐비테이션 데이터 등은
> 취득하지 못 했기 때문에 가능한 한 조속히 LE-7A 엔진 연소시험, 인듀서
> 단체(單體) 유수 시험 및 FTP 단체(單體) 시험으로 검증을 실시하여 문제없
> 음을 확인할 필요가 있음.

"어쩔 수 없었습니다. 이 정도의 압력으로 한다, 이 정도의 회전수로 한다는 식의 핀포인트 조건 하에서의 시험밖에 할 수 없었습니다. 자금이 없으니까요…."

"미국의 제조사의 기술자에게 개발 예산을 얘기해 주니 고개를 끄덕이더군요. 그런데 엔진 개발비가 아니라 로켓 전체 개발비라고 했

더니 아연실색했습니다."

우주개발사업단과 제조사 기술자의 말이다. 건설업자를 위한 공공사업에는 돈을 대지만 로켓엔진 개발을 위한 실험비는 없다. 이것이 '과학기술 창조입국' 일본의 현실이다.

《사이언스》 2000년 7월호에서 일부 가필 수정)

〈세계 주요 로켓의 발사 및 실패 상황〉

(1)

권말에 수록한 〈세계 주요 로켓의 발사 및 실패 상황〉에는 우주개발 40년의 엣센스가 실려 있다. 구 소련이 스푸트니크 위성을 발사한 1957년보다 조금 후부터의 역사연표인데, 많은 것들을 파악할 수 있다. 하지만 이것들은 어디까지나 비군사 로켓이며, 미소양국은 이것들 이외에도 수많은 미사일을 보유하고 있다.

○표시는 로켓발사 성공을 ×는 실패를 의미한다. 여기에는 1000개가 넘는 사례가 들어가 있으며 세계 주요국의 대표 로켓들의 성적표라고 봐도 좋을 것이다.

등장하는 국가는 가장 먼저 인공위성을 발사했으며 지금은 '썩어도 준치'라고 할 수 있는 러시아(구 소련), 러시아에 맞서 유인비행과 행성탐사에서 필사적인 경쟁을 벌여 상업화까지 이룩한 우주 최강 미국, 미국으로부터 자주독립을 추구해 상업 로켓시장에서 세계 제일이 된 유럽연합, 국위선양과 상업로켓으로 외화를 벌어들이고 있는 중국, 그리고 세계 4번째의 발사국이지만 국가의 우주정책이 부실로 최근 거듭된 실패를 맞아 의기소침해져 있는 일본이다.

로켓 하나하나에는 관련된 국가와 사람들의 기쁨과 고통이 응축되어 있고, 그 당시의 국제적, 사회적, 기술적 배경이 숨어 있다.

(2)

표에 실린 각각의 개발기관을 일반기업과 비교하면서 보면 재미있을 것이다. 여기에서는 국가를 메이커로, 로켓을 공업제품으로 바꾸어 볼 수 있다. 로켓의 제품개발은 10년 정도 걸리는 장기사업이기 때문에 굉장히 빠르게 변화하는 일반 시장에 맞추어 가로축의 연도 표시를 월로 바꾸어 생각하면 되겠다.

이 경우, 정부는 확실한 방침을 제시해야 하는 경영자, 우주개발기관은 그 명령을 받아서 제품개발에 매진하는 개발부문이 된다. 정부위성의 거래만이라면 여기에 영업부문은 없어도 좋겠지만 지금은 상업중시 시대로 춘추전국시대를 맞이한 상황이다.

여기에서 기술력이 부족하다면 비즈니스의 실패 또한 어쩔 수 없다. 상대방의 실수로 살아남는 경우나 침착한 개발 방침이 결실을 거두는 경우도 있을 것이다.

그러나 시장예측이나 판매전망 등 경영 측이 결정한 방침에 잘못이 있으면 다른 메이커에게 신제품을 빼앗기거나 업계에서 탈락할 수도 있다. 최악의 경우에는 도산에 이르게 된다. 가령 최고의 기술을 가지고 있으면서도 경영수완이 좋지 않으면 비즈니스는 성립되지 않는다.

세계적으로 벌어지는 우주개발경쟁 가운데 경영자의 전략, 즉 국가의 정책이 지금 문제시되고 있다. 이 표를 보면 새삼 로켓도 비즈니스의 세계에 돌입했음을 실감할 수 있다.

(3)

표만으로는 파악할 수 있는 것은 수없이 많다. ×표시로 나타난 실패는 전세계 어느 시대에나 많아서 5~20%의 실패확률을 보여준다. '신참자(new comer)'의 발사보험료율이 높은 것은 새로운 로켓의 실패확률이 높다는 것과 직결되어 있다. 이것은 이른바 초기 고장으로, 자동차나 전기제품을 처음 판매하기 시작했을 때 여기저기서 문제가 터지는 것과 같다. 로켓에는 이 실패확률의 절대치가 다른 상업제품보다 훨씬 높다. 그 이유는 우주로 날아가기 위해서는 극한기술이 필요하기 때문이다.

원인은 다양하지만, 1998~99년은 로켓이 만들어지지 않은 해였다. 대략 10호기 째까지는 신참자로 취급되고, 그 이후로도 계속해서 발사를 거듭하면 기술적으로도 안정된 원숙한 로켓이 된다.

발사수가 압도적으로 적은 가운데 일어난 H-II의 실패에 의해, 일본 로켓의 성공신화는 붕괴했다. 이 영향으로 우주개발은 겨울을 맞이했으나 일본에서는 동일 로켓을 10기 이상 발사한 경험이 없다는 것을 명기해 둔다. 다시 말하자면 여전히 '신참 로켓'인 것이다.

이에 비해 외국에서는 발사 수를 늘려 실패의 악영향을 지우려고 한다. 회복이 빠르다는 점이 일본과 다르다. 어쨌든 미국과 러시아의 발사 수가 압도적으로 많은 것을 알 수 있다.

(4)

일본은 1970년에 처음으로 인공위성발사에 성공했다. 세계에서 4번째(소련, 미국, 프랑스의 뒤를 이어서)다. 그러나 여기에 도달하기까지

4기 연속으로 실패를 했으며 우주개발에 있어 힘든 시기를 겪었다.

그 이후로 일본의 로켓은 1년에 1~2기씩 발사되었는데, 그 점에 있어서는 우주개발사업단이나 우주과학연구소나 같은 경향을 가진다. 역사적으로는 30년 이상의 긴 역사를 갖고 있고, 유럽과 같은 정도의 개발 실적이긴 하지만 1990년대에 우주개발의 상업화가 비약적으로 발전한 이후 발사기 수는 외국과 비교할 수 없게 되었다. 여기에는 슈퍼301조의 영향이 컸다고 본다.

우주과학연구소의 M 로켓은 과학위성 전용으로, 세계적으로는 소형 로켓으로 분류되기 때문에 우주 비즈니스에는 참여할 수 없다. 우주개발사업단이 발표하고 1994년에 운용을 개시한 대형로켓 H-II는 1호기에서 5호기까지는 연속으로 성공을 거두었지만, 그 후 실패가 계속되어 곤경에 처해 있다.

2001년부터는 후계기 H-IIA가 바통을 넘겨받아 기대를 짊어지게 되었다.

(5)

유럽의 로켓 개발 여명기에는 프랑스와 영국이 각각 독자적으로 소형로켓을 개발했다. 1960년대에 접어들면서 영국을 중심으로 한 유럽우주로켓개발기구(ELDO)는 미국으로부터 독립된 발사 능력을 확보하기 위해 중형로켓 개발을 시작했으나 기술면이나 관리면 모두 실패했다.

프랑스를 핵심으로 주변국까지 포함해서 새로운 개발체제를 조직한 것이 유럽우주기관(ESA)이다. 여기서 새로 개발한 것이 아리안 로켓이었다. 미국 우주정책의 방침이 셔틀 중심으로 편중되었을 때 챌린저 폭발사고가 일어났고, 이를 계기로 아리안은 세계 상업로켓시장의 50% 이상을 점유할 만큼 성장했다. 사용자 측을 배려한 로켓 발사 서비스를 처음으로 도입한 것도 좋은 결과를 가져왔다.

아리안 로켓은 기본적으로는 기존 기술을 조합한 것이었지만, 아리안 V형은 새로운 기술로 개발한 대형로켓이다. 원래 V형은 유인 우주로켓으로 개발하던 것을 상업용으로 전용한 것으로, 미국의 최신식 로켓의 등장을 견제하기 위해서 지금도 개량이 진행 중이다. IV형은 1995년 이래의 성공 기록을 갱신하고 있지만 은퇴가 결정되었다. IV형은 94년 12월에 실패했지만 그 이후로 성공. V형이 96년 첫 비행에서 실패, 2호기도 실패라고도 할 수 있지만, 정식으로는 성공으로 간주되고 있다.

유럽연합(EU)은 에어버스에 이어 상업로켓 발사시장을 제패하려하고 있다.

(6)

우주개발에 있어 미국은 아폴로 계획을 계기로 러시아(구 소련)를 크게 따돌렸다. 국방성, NASA, 우주산업을 결집한 종합력은 타국의 추종을 불허할 정도로 강력하다. 이것은 냉전이 끝난 지금도 변하지 않는 사실이다. 정부위성, 특히 군용위성의 발사수가 많다.

1980년대 초반까지는 서방사회의 상업위성까지 포함한 모든 발사를 미국이 떠맡았다. 당시는 미사일 전용 로켓 트리오인 아틀라스, 델타, 타이탄의 독점 상태였다. 81년에 스페이스셔틀이 첫 비행을 실시하고 나서는 셔틀 중시 정책으로 전환되어 대형 로켓개발이 일시적으로 정체되었다. 하지만 86년 스페이스셔틀 챌린저 사고로 미국의 독점체제가 크게 무너져 버렸다. 이 셔틀 발사 중단 시기에 ESA(유럽우주기관)가 아리안 로켓을 가지고 상업 로켓시장에 참가한 것이다.

아리안이나 일본의 H-II에 의한 시장 참가에 위기감을 느낀 미국은 트리오 로켓의 대형화와 근대화를 도모하고 있다. 이들 신형로켓은 2002년 이후 차례차례 등장할 전망이다. 우선은 정부위성용으로 개발하지만 머지않아 상업용으로 전용해서 세계 로켓 비즈니스에서 반격을 노릴 것이다.

(7)

1970년 4월, 중국은 미사일을 개량한 장정로켓에 의한 위성발사에 성공한다.

중국은 당초에는 소련의 기술 공여로 우주개발을 진행했으나 중소분쟁 후부터 독자노선을 걷고 있다. 문화대혁명의 폭풍 아래서도 로켓 개발은 계속되었다고 한다. 1980년대부터 시작한 우주개발 중시정책에 따라 장정로켓의 개발이 진행되었다.

미국정부가 중국의 인권문제를 로켓 비즈니스의 '거래 재료'로 삼고 있지만, 중국은 미국 위성기업을 주요 고객으로 삼아 점차 지반을 강화해 왔다. 1995년과 96년에 연속으로 민간인이 연루된 대형 사고가 연이어 일어났고, 사고 조사과정에서는 미국 국내에서 기술 스파이 사건을 일으켰다. 그러나 강력한 국가정책에 의해 개량이 거듭되어, 로켓시장에 곧 바로 복귀한 이후 착실히 실적을 쌓고 있는 상황이다. 거의 외화 획득만을 목적으로 삼아서 실제 발사 비용을 도외시한 저가격으로, 세계의 상업 위성시장에 공세적으로 나서고 있다.

(8)

1957년에 인공위성 스푸트니크의 첫 발사에 성공한 이후로 러시아 (구 소련)는 유인비행을 비롯한 우주개발에서 압도적인 힘을 보유해 왔다. 그 후 아폴로계획에 의해 미국에 추월당하기는 했지만, 냉전 하에서는 군사위성을 중심으로 세계 위성의 2/3를 발사했다. 많은 로켓을 개발해 연간 100기 정도나 쏜 것이다.

로켓기술은 대부분 미사일로부터 전용된 것이었기 때문에 튼튼하지만 효율은 떨어졌다. 그러나 거액을 투자해서 신규 개발한 로켓의 훌륭한 성능은 NASA 관계자의 눈이 휘둥그레질 정도였다.

냉전 종결 후 붕괴된 소련을 계승한 러시아의 국가 재정이 심각했기 때문에 유산이 된 로켓과 로켓기술을 미국과 유럽에 매각했다. 그 로켓 기술은 현재도 그들 나라에서 이용하고 있다. 그 중 하나인 시론치 (Sea Launch, 회사이름. 사용 로켓은 제니트)는 미국기업과 공동으로 적도상의 해상기지에서 발사하고 있다. 또 소유즈는 아리안의 자회사에 의해 운용되고 있다.

심각한 재정상황이 계속되는 가운데도 러시아는 독자적인 신형 로켓 개발을 계속하고 있다.

(9)

로켓이 운반하는 위성은 정부위성과 상업위성으로 나뉜다. 미국은 국가방침으로 자국의 정부위성(그 중 상당수는 군사위성)은 자국 로 켓을 사용하도록 정하고 있다. GPS위성(이것도 정부위성의 하나)처럼 확실히 20기 이상의 정기 계약이 가능한 위성은 개발기업의 입장에서는 경영이 안정될 뿐만 아니라 정부나 군에 의한 연구개발비 조성이라는 장점도 있다. 즉, 정부위성을 자기부담으로 발사한다는 것은 로켓개발에 있어 중요한 의미를 가진다.

이는 중국이나 러시아에서는 당연한 일로 여겨진다. 이에 비해 유럽 각국 정부는 아리안 로켓을 사용하는 것에 대해 특별히 명확하게 정해 놓은 바는 없지만, 정부위성을 아리안으로 발사하는 것을 장려하고 있다.

하지만 현재 일본에는 이런 기본방침이 없다. 정부위성일지라도 비용에 따라서는 외국 로켓으로 발사할 수 있게 되어 있다.

원래 기상·통신·방송의 GCB위성은 정부위성으로 일본산 로켓을 사용하게끔 되어 있었지만, 미·일 정치 교섭에 의한 슈퍼301조로 인해 방침이 바뀐 것이다. 이로 인해 일본의 로켓 개발은 성장이 둔화되었고 지금까지 영향을 미치고 있다.

앞으로는 정부위성, 상용위성 어느 쪽도 대형화 경향이 강화될 것이고, 거기에 경제성과 높은 성공률이 요구될 것임은 자명하다. 스페이스셔틀에 이은 '왕복 재사용형 로켓'은 기술적으로는 아직 불충분한 점이 있기 때문에 실용화에는 시간이 걸린다. 2015년 경까지는 현재와 같은 일회용 타입의 로켓이 세계적으로 사용될 것이다.

〈 세계 주요 로켓의 발사 및 실패 상황 1 〉

○는 성공, ×는 실패
페이로드(위성 등)의 화물를 소정의 궤도에 올리지 못한 경우는 실패로 분류

	1957-1959	1960	1961	1962	1963	1964	1965	1966	1967	1968	1969	1970	1971	1972	1973
N-I, II H-I, II, IIA (우주개발사업단/일본)															
L-4S M-4S, 3, V (우주연/일본)								××	×		×	○ ×	○ ○	○	
아리안 I, II, III, IV, V (유럽)										[주 2] ×	×	×	×		○○○
아틀라스 (미국)	○ ×	○ ××××	○○ ○○×× ××	○○○○× ○○○○× ○○○○	○○○ ○○○ ○○○×	○○ ○○○○ ○○×××	○○○ ○○○ ○○○××	○○○ ○○× ○○○×××	○○○ ○○○○ ○○	○○○ ○○ ○○○×	○○○ ○○○	○○ ○○	○○○ ○○ ×	○○○ ○ ○	○○○ ○ ○ ×
델타 I, II, III (미국)	[주 1]	○ ×	○○ ○○	○○○○ ○○○	○○○ ○○○	○ ×	○○○ ○○○ ○○○×	○○○ ○○○ ○○○○×	○○○○ ○○○○ ○○○○×	○○○ ○○○ ○○○○×	○○○○ ○○○ ××	○○○ ○○○ ○○	○○○ ○○ ×	○○○ ○○○ ○○○ ××	○○○ ○○○ ○○○ ×
타이탄 II, III, IV (미국)						○ ×							○	○ ×	
장정 1, 2, 3, 4 (중국)							○	○ ×	○ ××	○ ×	○	○	○	○ ×	
프로톤 (러시아)							○○○ ○○ ×	○○ ○○ ×	○○ ××	○○○ ×	×××× ××××	○○○○ ○○ ×	○○○ ○○ ×	○○○ ○○○ ××	○○○ ○○○ ×

[주 1] 1959년은 델타 상단을 장착한 로켓(이른바 Thor Delta)이 등장하기 전이며, thor 로켓은 델타가 아닌 다른 상단(Able, Agena)를 장착하여 발사되었으므로 1957~59년의 델타에 대해서는 성패를 제로로 계산.

[주 2] 1968~?년의 아래란 데이터는 유럽우주기관(ESA)의 전신인 유럽로켓개발기구(ELDO)의 로켓에 관한 것임.

〈 세계 주요 로켓의 발사 및 실패 상황 2 〉

로켓	1974	1975	1976	1977	1978	1979	1980	1981	1982	1983	1984	1985	1986	1987	1988
N-I, II / H-I, II, IIA (우주개발사업단/일본)	○	○	○	○	○	○	○	○	○	○	○		○	○	○
L-4S / M-4S, 3, V (우주연/일본)	○	○	×	○	○○	○	○	○	○	○	○	○○		○	
아리안 I, II, III, IV, V (유럽)	○	○○ ○○ ○○ ○×		○○○ ○○○ ○○×	○○○ ○○○ ○○○	○○ ○○ ○○	×	○	×	○	○○○○	○○○ ○×	○○ ×	○○○	○○○ ○○○
아틀라스 (미국)	○	○○ ××	○○○ ○○	○○○ ○×	○○○ ○○○ ○○×	○○○ ○○○	○○○ ○○○ ×	○○ ○○ ××	○○ ○○	○○ ○○	○○ ○○ ○×	○○ ○○	○○	○ ×	○
델타 I, II, III (미국)	○○○ ○×	○○○ ○○○ ○○	○○○ ○○○	○○○ ○○× ×	○○○ ○○○ ○○○	○○ ○○ ○○	○○ ○○○	○○ ○○	○○○ ○○○	○○	○○○		○ ×	○	○
타이탄 II, III, IV (미국)	○○○ ○○ ○×	○○○ ○○ ○×	○○○ ○○○	○○○ ○○	○	○○ ○○	○○ ○	○○ ○○	○○ ○	○○	○○ ○○	○ ×	×	○	○ ×
장정 1, 2, 3, 4 (중국)	×	○	○					○○	○	○	○○ ×	○	○	○	○○
프로톤 (러시아)	○○ ○○	○○○ ×	○○	○○ ×	○○ ××××	○○○ ○○	○○ ○○	○○○ ○○	○○○ ○○×	○○○ ○○○	○○○ ○○○ ○	○○○ ○○○	○○○ ○×	○○○ ○○○ ○×	○○○ ○○○ ○× ×

〈 세계 주요 로켓의 발사 및 실패 상황 3 〉

페이로드(위성 등)의 화물을 소정의 궤도에 올리지 못한 경우는 실패로 분류 / ○는 성공, ×는 실패

	1989	1990	1991	1992	1993	1994	1995	1996	1997	1998	1999	2000	2001	2002	2003
N-I, II H-I, II, IIA (우주개발사업단/일본)	○	○○	○	○		○○	○	○	○	×	×		○	○○○	○
L-4S M-4S, 3, V (우주연/일본)	○				○		×			○		×			×
아리안 I, II, III, IV, V (유럽)	○○○○ ○○○	○○○○ ○○×	○○○ ○○	○○○ ○○	○○ ○○	○○○ ○○××	○○○ ○○○ ○○○	○○ ○○○ ○○○×	○○○ ○○○ ○○○×	○○○ ○○○ ○○○	○○ ○○○ ○○○	○○○ ○○○○ ○○○	○○○ ○○○ ×[주3]	○○○ ○○○○ ○○× 	○○○ ○○○
아틀라스 (미국)	○	○○	○○	○○○	○○○ ○×	○○○	○○○ ○○○	○○ ○○○○	○○○ ○○○	○○○ ○○○	○○ ○○	○○ ○○	○○○○	○○ ○○	○○
델타 I, II, III (미국)	○○○○ ○○○	○○○○ ○○○	○○○ ○○	○○○○ ○○	○○○ ○○	○○○○ ○○	○	○○○ ○○○	○○○ ○○○×	○○○○ ○○○×	○○○ ○○○×	○○ ○○	○○○ ○○	○○○ ○○	○○○ ○○
타이탄 II, III, IV (미국)	○○○○	○○ ×	○○ ○○	○○○ ○	○ ×	○○○ ○○	○○ ×	○○ ××	○○ ○○	○ ×	○○○○ ××	○○ ○○	○	○○	○○ ○○
장정 1, 2, 3, 4 (중국)	○	○○ ×	○○○	○○ ×	○	○○	○○ ×	○○ ××	○○	○○	○○	○○ ○○	○	○○○	○○ ○○
프로톤 (러시아)	○○○○ ○○ ○○×	○○○○ ○○○ ○×	○○○ ○○○	○○○○ ○○	○○○ ○×	○○○ ○○○	○○○ ○○○	○○○ ○○××	○○○ ○○○×	○○○ ○○○	○○○ ○○×× 	○○○○ ○○○○ ○○○	○○○ ○○	○○○ ○○○ ×[주4]	○○○ ○○○

[주 3] 2001년 아리안V호의 실패는 로켓 상단 엔진 이상으로 아르테미스와 BSAT-2b가 계획보다 낮은 궤도에 투입된 것(BSAT-2b는 임무 포기, 아르테미스는 자체 이온 추진으로 소정의 궤도까지 상승).

[주 4] 2002년 프로톤K의 실패는 로켓 상단 엔진 이상으로 아스트라1K가 계획보다 낮은 궤도에 투입된 것(위성은 임무 포기).